U0163136

献给青少年的优秀作品

植物百科全书

全方位展现植物世界的无穷奥秘

孙静◎编著

長江出版傳媒
湖北科学技术出版社

图书在版编目(CIP)数据

植物百科全书 / 孙静编著 . -- 武汉 : 湖北科学技术出版社 , 2015.8 (2022.1 重印)

ISBN 978-7-5352-8130-2

Ⅰ . ①植… Ⅱ . ①孙… Ⅲ . ①植物—少儿读物 Ⅳ . ① Q94-49

中国版本图书馆 CIP 数据核字 (2015) 第 179005 号

责任编辑：张波军　　封面设计：王　梅

出版发行：湖北科学技术出版社　　电话：027-87679468

地　　址：武汉市雄楚大街 268 号　　邮编：430070

（湖北出版文化城 B 座 13-14 层）

网　　址：http://www.hbstp.com.cn

印　　刷：山东润声印务有限公司　　邮编：271500

720mm × 1015mm　1/16　　20 印张　300 千字

2015 年 10 月第 1 版　　2022 年 1 月第 2 次印刷

定价：69.00 元

本书如有印装质量问题　可找本社市场部更换

PREFACE 前言

植物是生命的主要形态之一，是地球生命的重要组成部分。它们不仅为我们提供了维持生命的氧气，还为我们奉献了源源不断的粮食、蔬菜、水果、药材等等；它们不仅自身美，而且美化了我们的生活环境，净化了我们身边的空气。绿色的植物代表着生命的孕育，给人们以生机、希望和启迪。在自然界中，植物虽然不能像动物那样运动，但是它们所体现和展示的美，却是动物所不能替代的！

不管是冰天雪地的南极、干旱少雨的沙漠，还是浩渺无边的海洋、炽热无比的火山口，植物都能奇迹般地生长、繁育，把世界塑造得多姿多彩。我们在生活中可能见过很多植物，但是，你知道吗？植物也会“思考”，植物也有属于自己王国的“语言”，它们也有自己的“族谱”。它们也有智慧，甚至也会“说话”。它们中有的食肉成性，有的肆意侵略，有的是人类的朋友，有的却会给人类的健康甚至生命造成威胁。它们拥有的各种特点和趣闻，我们又了解多少呢？

身上长刺的植物就一定是仙人掌吗？为什么小草会跳舞？花朵为什么会有各种颜色？松树的叶子为什么总是绿的？你见过会走路的植物吗？究竟什么树能活几千年？如果你对这些问题抱有疑问或者兴趣，就请翻开此书，跟我们一起进入这个熟悉、陌生而又神奇的植物王国吧！为了让小朋友们更深入地了解植物，增长自然科学知识，我们精心编写了这本书。在这里，你可以浏览到许多奇树异果和奇花异草，诸如能产奶的牛奶树、会移动的风滚草、会爆炸的沙盒树以及能改变味觉的神秘果等。

本书分为第一次认识植物、走进人类生活的植物、感受植物的魅力三部分，揭秘了植物之所以千奇百怪的原因，并介绍了有关这些植物的一些小知识，而且对选取的每一种植物的形态、特征以及作用做了详细的介绍。同时，书中还设置了“植物名片”“你知道吗”等内容新颖的小栏目，不仅能培养孩子的学习兴趣，还能不断开阔他们的视野，对知识量的扩充十分有益。此外，书中还配有精美的图片，每个品种都配有植物全图和局部特写图片，力求全方位展现植物的本真形态和细节特征。这样，孩子不仅能更加近距离地感受到植物的美丽、智慧，还能更加深刻地感受到植物的神奇与魔力。打开本书，你将会看到一个奇妙的植物世界。

小朋友，还等什么呢？现在就开始进入植物世界冒险吧！从茂密的雨林到渺无人烟的沙漠，从广阔无垠的草原到白雪皑皑的高山，甚至是没有阳光的海底，让我们一起搜寻它们的身影吧!我们相信，在这样一个奇趣无穷的植物世界里，小朋友们一定会在轻松与快乐中满载而归：不但满足了求知欲，还会对身边的世界形成全新的认识。

CONTENTS 目录

第一次认识植物

植物的种子……2
种子的生长……2
种子的结构……3
种子的传播方式……4
种子的寿命……5
植物的根……6
根的类型……6
根的形态……7
根的功能……7
植物的叶子……8
叶子的构成……8
叶子的生长期……10
叶子的外形……10
叶序……11
叶子的作用……11
植物的茎……12
茎的外形……12
茎的类型……12
茎的分枝……14
茎的作用……15
植物的花朵……16
花朵的构成……16
花朵的形状……17
花朵的颜色……17

花朵为什么要传粉 18
花朵传粉的方式 18
花粉的大小 19
植物的果实 20
果实的产生 20
果实的分类 20
果实的结构 21
果实的味道 22
果实的经济价值 23

植物的种类

藻类植物 24
藻类植物的特点 24
藻类植物的分布 25
藻类植物的大小 25
藻类植物的种类 26
藻类植物的经济价值 27
菌类植物 28
菌类植物的种类 28
菌类植物的营养价值 29
蕨类植物 30
蕨类植物的历史 30
蕨类植物的分布 30
蕨类植物的形态 31
蕨类植物的经济价值 32
蕨类植物的观赏价值 33
裸子植物 34
裸子植物的繁殖 34
裸子植物的特征和种类 34
裸子植物的价值 35
被子植物 36
被子植物的起源 36
被子植物的特点 36
被子植物的分布 37
被子植物的繁殖 38

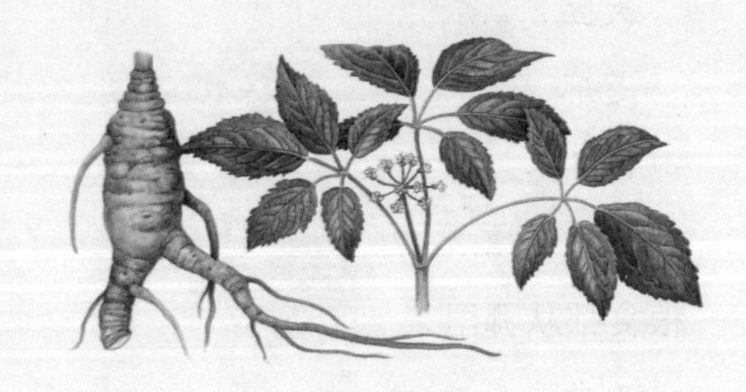

被子植物的种类 38
被子植物的价值 39

植物的生长技能

光合作用 40
叶绿素 40
光合作用的原理 40
光合作用的意义 41
呼吸作用 42
呼吸作用的过程 42
有氧呼吸与无氧呼吸 42
呼吸作用的意义 43
呼吸作用对环境的影响 43
蒸腾作用 44
蒸腾作用的过程 44
蒸腾的方式 44
蒸腾作用的意义 45

第二章 走进人类生活的植物

榨干我们，就是油 48
花生 48
大豆 50
芝麻 52
向日葵 54
油菜 56
粮食都从哪里来 58
玉米 58
小麦 60
稻谷 62
高粱 64
做香料，我是大功臣 66
玫瑰 66
薰衣草 68
桂花 70
茉莉花 72

薄荷……74
我能变出甜甜的糖……76
甘蔗……76
甜菜……78
糖枫……80
干杯，饮料……82
咖啡树……82
可可树……84
茶树……86
长在架子上的蔬菜……88
丝瓜……88
黄瓜……90
扁豆……92
番茄……94
我是治疗疾病的高手……96
人参……96
金银花……98
甘草……100
三七……102

板蓝根……104
枸杞……106
灵芝……108
山楂……110
橘红……112
我们也是天气预报员……114
报雨花……114
风雨花……116
雨蕉树……118
三色堇……120
地底下也能长蔬菜……134
胡萝卜……122
白萝卜……124
马铃薯……126
红薯……128
我们和人类一样……130
人面子……130
笑树……132

红树……134
我们是绿化环保卫士……136
夹竹桃……136
爬山虎……138
绿萝……140
臭椿……142
红麻……144
小球藻……146

第三章 感受植物的魅力

别以为植物不会动……150
舞草……150
紫薇树……152
含羞草……154
风滚草……156
像鱼一样爱着水……158
荷花……158
浮萍……160
芦苇……162
睡莲……164
谁说植物不“流血流汗”……166
龙血树……166
胭脂树……168
麒麟血藤……170
橡胶树……172
漆树……174
东奔西跑的种子……176
蒲公英……176
柳树……178
苍耳……180
椰子树……182
喷瓜……184
凤仙花……184
我们不得不做“寄生虫”……188
槲寄生……188
菟丝子……190

这是一群爱吃肉的植物 192
瓶子草 192
猪笼草 194
捕蝇草 196
长叶茅膏菜 198
黄花狸藻 200
锦地罗 202
我们不怕热 204
仙人掌 204
胡杨 206
瓶子树 208
骆驼刺 210
对付敌人有高招 212
芸香 212
马勃 214
沙盒树 216
皂荚 218
橡树 220
生生世世都要缠着你 222
紫藤 222
牵牛花 224
茑萝 226
我们不怕冷 228
雪莲花 228
冰凌花 230
北极地衣 232
北极苔藓 234
北极柳 236
真真假假的伪装者 238
石头花 238
珙桐 240
角蜂眉兰 242
水鬼蕉 244
和动物做朋友 246
金鱼草 246
马兜铃 248
蚁栖树 250
小心，它们有毒 252
荨麻 252
水毒芹 254
鸢尾 256
箭毒木 258
鸡母珠 260

看，我们有特异功能……262
破坏森林的纵火花……262
烧不死的木荷……264
会产奶的牛奶树……266
闪闪发光的灯草……268
不会老的万年青……270
能走路的野燕麦……272
抢占地盘的黄葛树……274
有魔力的神秘果……276
就喜欢待在咸咸的地方……278
盐爪爪……278
盐角草……280
夜晚的精灵……282
月见草……282
昙花……284
夜来香……286
植物界的冠军……288
长得最快的是竹……288
最大的大王花……290
最硬的铁桦树……292

附　录

带上植物去过节……294
编织艺术的精彩……296
手腕上的新宠……298
吉祥花卉图……300
家具木料中的贵族……302
找找野地里的蔬菜……304

1 第一章 了解植物大家庭

我们身处的这个地球，植物无处不在。探寻它们的踪迹，发现植物原来是个庞大的家庭，那么它们到底有哪些成员？它们都分布在哪里？它们是如何生存在这个世界上的呢？让我们一起去探访这个大家庭，认识它们吧！

第一次认识植物

DI-YI CI RENSHI ZHIWU

植物的种子

种子是裸子植物和被子植物特有的繁殖体，它由胚珠经过传粉受精形成。一颗小小的种子承载的却是延续植物种族的伟大使命。

种子的生长

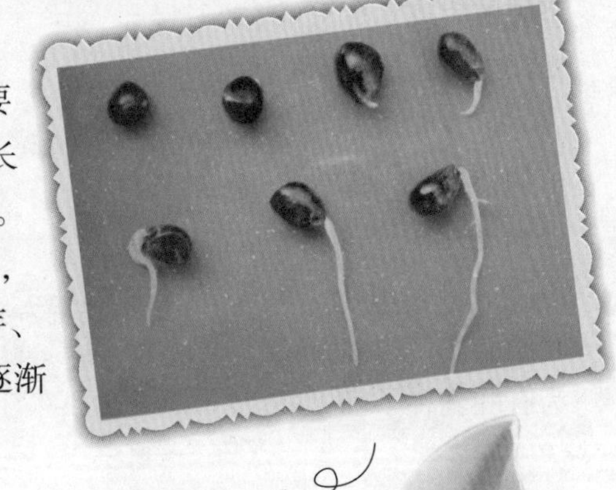

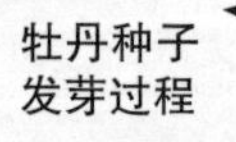

牡丹种子发芽过程

种子是植物生命的起源。一颗种子必须要有合适的环境条件，才能慢慢萌芽。种子生长需要充足的水分、适宜的温度和足够的氧气。满足这些条件后，种子的胚根就会穿破种皮，向土壤里生长。不久后，种子分化出的幼芽、幼叶开始进行光合作用，慢慢向上生长，并逐渐

将种皮脱落，成长为一株独立的幼苗。

种子的结构

植物的种子一般由种皮、胚和胚乳三个部分组成。种皮是种子的盔甲，起着保护种子的作用。胚是种子最重要的部分，可以发育成植物的根、茎和叶。胚乳是种子集中养料的地方，不同植物的胚乳中所含养料不同。

种皮，由珠被发育而来，具备保护胚和胚乳的功能。裸子植物的种皮由三层组成，外层和内层为肉质层，中层为石质层。被子植物的种皮结构多种多样：如花生种子外面有坚硬的果皮；棉籽的表皮上有大量表皮毛，就是棉纤维；石榴种皮的表皮细胞伸展很长成为细线状。

胚，由受精卵发育形成，由胚根、胚芽、胚轴和子叶组成。胚将来发育成新的植物体，胚根发育成植物的根，胚芽发育成植物的茎和叶，胚轴发育成连接植物的根和茎的部分，子叶为种子的发育提供营养。

胚乳，由精子和极核融合后形成。裸子植物的胚乳一般比较发达，多储藏淀粉和脂肪。绝大多数被子植物在种子发育过程中都有胚乳形成，一般把成熟的种子分为有胚乳种子和无胚乳种子两大类。

种子的传播方式

杨树种子

自体传播。指依靠植物体自身进行传播，并不依赖其他的传播媒介。若果实或种子本身具有重量，成熟后会因重力作用直接掉落地面，如毛柿、大叶山榄等；而还有一些则会借果实成熟开裂之际产生的弹射的力量，将种子弹射出去，如乌心石等。

风传播。有些种子会长出形状如翅膀或羽毛的附属物，因此可以乘风飞行，如草本植物黄鹌菜、木本植物柳树和木棉，还有常见的蒲公英等。

水传播。靠水传播的种子表面有不沾水的蜡质，果皮含有气室，比重比水低，可浮在水面上，经由溪流或者洋流传播，如莲叶桐等。

鸟传播。靠鸟类进行传播的种子，大部分是肉质果实，如浆果、核果和隐花果等。通常这一类植物是比较先进的，因为鸟类传播种子的距离是所有传播方式中最远的。

蚂蚁传播。通常是由二次传播者进行传播。有些鸟类摄食种子后养分并没有全部消耗掉，掉在地上的种子，其表面上还有一些残存的养分可供蚂蚁摄食，这时蚂蚁就成了二次传播者。

哺乳动物传播。靠哺乳动物传播的种子，大部分属于一些大中型的肉质果或干果。如猕猴喜爱摄食芭蕉的果实，也帮助其进行传播。

种子的寿命

种子成熟离开母体后仍是活的，但各类植物种子的寿命有长有短。有些植物的种子寿命很短，如巴西橡胶的种子仅存活一周左右。能活到15年以上的种子算是长寿的，而我国曾发现过一种莲的种子，它已经存活上千年了。种子的寿命长短除了与遗传特性和发育是否健壮有关外，还受环境因素的影响，也就是说可以利用良好的贮存条件来延长种子的寿命。

种子发芽了

植物的根

人的成长需要营养的摄入，植物的成长是否也需要营养呢？答案是肯定的。高等植物在根的帮助下，完成对营养的吸收、输送和贮藏，这样才能快速生长。

根的类型

主根。种子萌芽后，芽突破了种皮的局限，努力向外生长时，不断垂直向下生长的那部分为主根。比如我们熟悉的石榴，当它的种子开始萌芽，一脚踹掉种皮向下生长的条状物就是根。它不断向地下越长越深，就形成了主根。

侧根。当主根长到一定的长度后，产生的一些分支为侧根。比如我们常吃的豆芽，从它的生长过程中就能看到，当它的主根长得较长时，主根的近末端就朝侧面长出了一些分支，这些分支就是豆芽的侧根。

定根与不定根。由胚根发育而成。有固定生长部位的根，叫作定根。定根包括主根和侧根。植物在生长过程中从茎、叶、老根等处长出的根，叫作不定根。比如折断一根柳枝插入潮湿的泥土中，不久就会长出一些根，这些就是不定根。

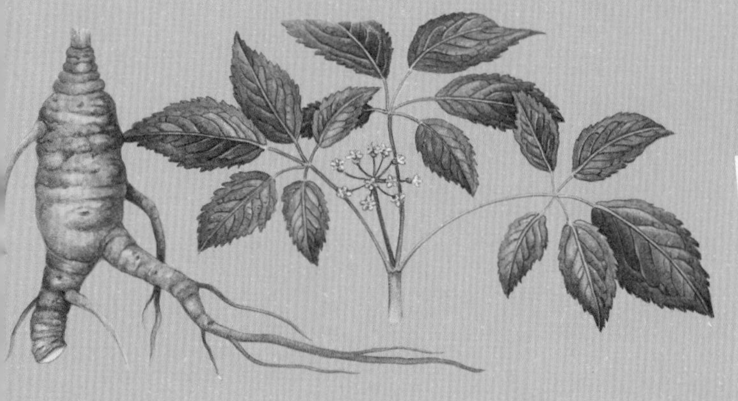

根的形态

从外部形态来看，根有两种类型：直根、须根。直根一般是由主根和侧根共同构成的，从外观上看，主根发育得很好，长得较为粗壮，周围有一些比较细小的侧根，如蒲公英的根；须根就没有主根、侧根之分，是由许多大小差不多的根组成的，就像一脑袋乱蓬蓬的鬈发，如小麦的根。

根的功能

对于植物来说，根大多生长在土壤里，一般来说是植物的地下部分，是营养器官。植物的根能将其地上部分牢固地固定在土壤上，能吸收土壤中的水分和无机盐，能运输以及储藏养分，并进行一系列有机化合物的合成、转化。如玉米、胡萝卜的根具有巩固植株、储藏养分等作用。

植物的叶子

绿色，是生命的颜色，是大自然的颜色。植物的绿叶不仅装点了我们身处的这个世界，还像一只只小小的手，竭尽全力地接收阳光，进行光合作用和蒸腾作用，制造营养，为植物的生长做贡献。

叶子的构成

植物的叶子可分为叶片、叶柄、托叶三部分，这三部分都有的叶子叫完全叶。如果缺少其中的一部分或两部分，则叫不完全叶。不过，禾本科植物的叶除外，因为它们通常由叶片、叶鞘、叶耳、叶舌四部分组成，如小麦、玉米、稻米、高粱等。

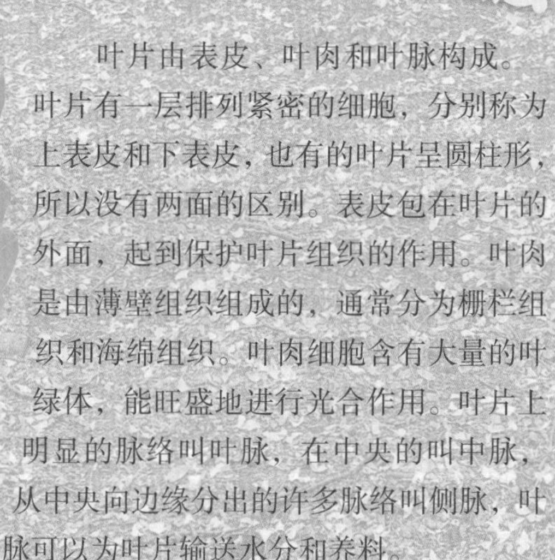

叶片由表皮、叶肉和叶脉构成。叶片有一层排列紧密的细胞，分别称为上表皮和下表皮，也有的叶片呈圆柱形，所以没有两面的区别。表皮包在叶片的外面，起到保护叶片组织的作用。叶肉是由薄壁组织组成的，通常分为栅栏组织和海绵组织。叶肉细胞含有大量的叶绿体，能旺盛地进行光合作用。叶片上明显的脉络叫叶脉，在中央的叫中脉，从中央向边缘分出的许多脉络叫侧脉，叶脉可以为叶片输送水分和养料。

叶柄是叶片与枝相接的部分，是为叶片输送水、营养物质和同化物质的通道。叶柄能使叶片转向有阳光的方向，从而改变叶片的位置和方向，使各叶片不致互相重叠，从而可以充分接收阳光。

托叶是叶柄基部的细小绿色或膜质片状物，通常成对而生。如棉花的托叶为三角形，对幼叶有保护作用；豌豆的托叶大而呈绿色，可起叶的作用。

叶子的生长期

植物的叶子有一定的生长期。一般来说，叶子的生长期不过几个月，但也有能生长几年的。叶子生长到一定时期便会自然脱落，这种现象叫作落叶。落叶一方面是由于叶子机能的衰老引起的，另一方面是对不利环境的一种适应，因为落叶可以大大减少蒸腾面积，避免植物因缺水而死亡。所以有时落叶对植物并不是一种损失，而是一种很好地适应现象。

木本植物的落叶有两种情况：一种是叶子只存活一个生长季节，每当冬天来临，就全部脱落，这种植物叫作落叶植物，如杨树、柳树等；而另一种是叶子可存活两年至多年，在植株上逐渐脱落，看上去这种树是终年常绿的，叫作常绿植物，如松树、柏树等。

叶子的外形

植物叶子的形状各有不同，有卵形、心形、扇形、三角形，还有针形等许多形状。叶子的边缘也不一样，有的很光滑，有的又像锯齿一般。如枫叶，像人的手掌；银杏叶，像一把小扇子；松树叶，像一根根绣花针……

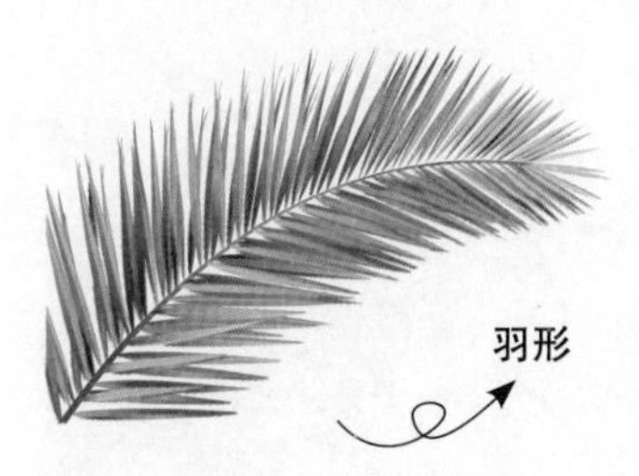
羽形

掌形

三角形

大多数植物的叶子里含有大量的叶绿素，所以叶子就是绿色的。也有一些植物的叶子除了含叶绿素外，还含有类胡萝卜素、藻红素、花青素等多种色素成分。如秋海棠，它的叶子就因为含有较多的花青素而呈现出红色。

叶序

植物的茎上生长叶子的方式及规律就是叶序。叶子可以掉了再生长，但它们并不是毫无章法地胡乱生长，而是遵循一定的规则，常见的有簇生、轮生、互生、对生这几种方式。如互生叶的植物，每节只有一片叶子；对生叶的植物，每节在茎的相对两侧各有一片叶子。

簇生　轮生　互生　对生

叶子的作用

植物的叶在阳光的照射下，在叶绿体内利用光能及由外界吸收来的二氧化碳和水分，制造出以碳水化合物为主的有机物，并放出氧气。植物的叶子既为植物提供了生长所必需的养分，又为调节空气质量、降低噪声做出了巨大贡献。

植物的茎

如果说根是植物的脚，有了健康的根才能站得稳，长得高，那么茎相当于脊梁，能把植物的根、芽、叶、花等各个部分紧密地连接在一起。

茎的外形

黄瓜卷须

茎的外形是多样的，有的粗，有的细，有的长，有的短。大多数植物茎的外形为圆柱形，也有部分植物的茎为其他形状，比如香附、荆三棱的茎的横切面为三角形，薄荷、薰衣草的茎的横切面为方形，益母草、广藿香的茎的横切面为棱形，仙人掌、蟹爪兰的茎为扁平状。

茎一般分为两个部分。长有芽、叶、花等的部分叫节；两个节之间没有长叶的部分叫节间。茎顶端和节上叶腋处都生有芽，当叶子脱落后，节上留有的痕迹叫作叶痕。

茎的类型

块茎

按生长方式分类，茎可以分为地上茎和地下茎两种类型。

地上茎，顾名思义，植物的茎长在地面上。茎上生有枝、叶，顶端有顶芽，侧面生有侧芽。地上茎在适应外界环境上有各自的方式，为了使叶有展开的空间，获得充足的阳光，制造出营养物质，地上茎产生

了不同的类型：直立茎、缠绕茎、匍匐茎、攀缘茎等。除了这些类型的茎，也有的地上茎出现了变态，形成不同类型的变态茎：卷须，如黄瓜的卷须；茎刺，如皂荚的茎刺；肉质茎，如仙人掌的肉质茎；叶状茎，如竹节蓼、天门冬等的叶状茎。

地下茎是植物生长在地下的变态茎的总称。地下变态茎的形状很像根，但它有节和节间之分，节上常有退化的鳞叶，鳞叶的叶腋内有腋芽，这是与根不同的地方。常见的地下茎有4种类型：根状茎，如莲、竹的根状茎；块茎，如马铃薯、菊芋的块茎；球茎，如荸荠、慈姑的球茎；鳞茎，如洋葱、水仙的鳞茎。

按照茎内木质部发达的情况分类，茎可以分为草质茎和木质茎两种类型。

草质茎的构造差异很大，有一些多年生草本植物（具有草质茎的植物）仅在茎的基部和根中有次生生长，大多数一二年生的草本植物茎内没有或仅有少量的次生生长。具有草质茎的植物基本上都生得矮小、柔软。

木质茎里有维管形成层，能够形成坚硬的木质部，增强茎的坚固性。木本植物（具有木质茎的植物）的茎较为坚硬，木本植物有乔木和灌木的区别。乔木的茎为粗大的主干；灌木的茎在地面处有粗细相似的分枝，分不出主干。

茎的分枝

茎的分枝能够增加植物的体积，有利于繁殖后代。各种植物的分枝包括二叉分枝、单轴分枝、合轴分枝、假二叉分枝等。

二叉分枝，分枝时顶端分生组织平分为两半，每半各形成一小枝，并且在一定时候再进行同样的分枝，如苔藓植物和蕨类植物的分枝。

单轴分枝，主茎的顶芽不断向上生长，成为粗壮主干，主茎上的腋芽形成侧枝，

侧枝再形成各级分枝，但它们的生长均不超过主茎，如柏、杉等的分枝。

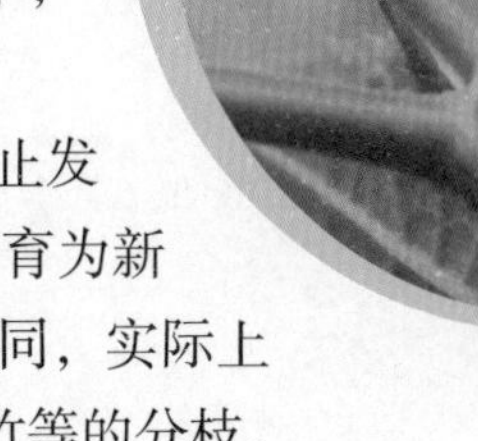

合轴分枝，茎的顶芽生长迟缓，或枯萎，或为花芽，顶芽下面的腋芽迅速展开，代替顶芽的作用，如此反复交替进行，成为主干，如桃、李、苹果、番茄、桉树等的分枝。

假二叉分枝，顶芽长出一段枝条，停止发育成为花芽，顶芽两侧对生的侧芽同时发育为新枝，新枝的顶芽、侧芽生长活动与母枝相同，实际上是特殊形式的合轴分枝，如丁香、茉莉、石竹等的分枝。

茎的作用

任意一棵成熟的植物都会有健壮的茎，茎就像一条公路，源源不断地为植物身体的各处输送水和养料，有的还具有进行光合作用、贮藏营养物质和繁殖的功能。因此，如果一株植物的茎部遭到破坏，那么植物将因无法吸收水和养分而慢慢死去。

植物的花朵

人们常常被花朵鲜艳夺目的色彩、婀娜多姿的形态和芳香迷人的气味所吸引，并赋予了它们许多美好的寓意。实际上，植物的花朵不单单是大自然的装饰，它们还担负着孕育新生命的伟大使命。

花朵的构成

花梗，也叫花柄，是连接茎的小枝，也是茎和花朵相连的通道。

花托，是花梗顶端略呈膨大状的部分，花朵的各部分按一定的方式排列于花托之上，有多种形状。

花萼，花朵最外轮的变态叶，由若干萼片组成，通常为绿色，有离萼、合萼、副萼等，它们有保护幼花的作用。

花冠，花朵第二轮的变态叶，由若干花瓣组成，常有各种颜色和芳香味道。花冠有离瓣花冠、合瓣花冠之分，可吸引昆虫传粉，并保护雄蕊、雌蕊。

雄蕊群，一朵花内所有雄蕊的总称，有多种类型。

雌蕊群，一朵花内所有雌蕊的总称。多数植物的花只有一个雌蕊。

绽放的向日葵

花朵的形状

花朵的形状可以说是千姿百态，在大约25万种被子植物中，就有约25万种花朵的形态。花朵的形态实际上是因花冠的不同而不同，有漏斗状的牵牛花就像一个个小喇叭；有高脚碟状的水仙花就像一个个精致的高脚杯；有钟形的风铃草就像一串串可爱的小铃铛……

花朵的颜色

花朵的颜色五彩缤纷，它们的艳丽色彩总能带给人们美的享受。这些美丽的颜色其实是由花瓣里的色素决定的。花瓣里有很多种色素，但最重要的要数类黄酮、类胡萝卜素和花青素。目前，已发现的类胡萝卜素有80多种，类黄酮有500多种。花青素在不同的酸碱环境中能使花朵产生多种多样的颜色。

淡雅的雏菊

花朵为什么要传粉

花粉是裸子植物和被子植物特有的结构。只有通过花粉的传播，植物才能有种子，并由种子发育成果实。植物有两种花粉囊：一种花粉囊叫胚珠，胚珠是在花的底部形成的，它们由子房保护着；另一种花粉囊叫花粉粒，花粉粒成熟后需要和来自其他花的胚珠相结合才能发育出种子。当一朵花的花粉被昆虫、鸟、风或水带到同种植物的另一朵花的柱头上，完成了传粉受精过程，才能结出果实。

花朵传粉的方式

生物媒介传粉，即花朵吸引和利用昆虫，鸟类或其他动物来帮助自己传播花粉。通常，这类花朵都有特殊的形状、颜色、香味以及雄蕊生长方式，以确保生物媒介能被吸引来，这样花粉粒就能通过生物媒介顺利传到其他花朵上。一般情况下，靠昆虫传粉的花朵，花粉的体积较大，表面粗糙突起，有的甚至有黏性，容易附在昆虫身上，便于昆虫携带与传播；靠鸟类传粉的花朵，花粉的生长位置比较显眼，花期长，通常都在白天开放，花蜜的分泌量也很大。

蜜蜂采蜜

非生物媒介传粉。花朵利用大自然的风力、水力帮助自身传粉。如桦树、杨树、枫树等靠风力传播花粉的植物，因为它们无需吸引动物进行传粉，所以其花朵往往不太引人注目，而且它们的花粉都较干燥、光滑、轻巧，便于被风带走。

花粉的大小

花粉大小因花朵种类的不同而不同。大多数花粉直径为 20—50 微米。目前已知最小的花粉来自紫草科的勿忘草，已知最大的花粉来自葫芦科的西葫芦。

植物的果实

植物通过根、茎吸收养分，长出绿叶，开出花朵，下一步就是结出果实。植物的果实是由雌蕊经过传粉受精，由子房或者花朵的其他部分参与发育而成的，一般包括果皮和种子的器官。

果实的产生

一般情况下，花朵的花药上的细胞产生花粉粒，经过传粉，花粉落到其他花朵雌蕊的柱头上。花粉粒萌发的花粉管伸入胚珠，精子穿过花粉管，与卵细胞融合。胚珠发育成种子，受精卵发育成胚，子房和其他结构发育成果实。由雌蕊子房形成的果实称真果，如桃子、大豆等；由子房与花托或花被等共同形成的果实称假果，如雪梨、苹果等。

果实的分类

果实种类繁多，根据果实来源，可分为单果、聚合果、复果三大类：

单果，由一朵花中的单雌蕊或复雌蕊的子房发育而成的果实，如李子、杏等。

聚合果，由一朵花内若干个离生心皮雌蕊发育形成的果实，每一离生心皮雌蕊形成一独立的小果，聚生在膨大的花托上，如草莓等。

复果，由整个花序发育而成的果实，如桑葚、凤梨、无花果等。

通常又根据成熟果实的果皮是脱水干燥还是肉质多汁而分为干果与肉质果。干果成熟时果皮干燥，根据果皮会不会开裂，可分为裂果和闭果。肉质果是指果实成熟时，果皮或其他组成部分肉质多汁。供食用的果实大部分是肉质果。

果实的结构

果实一般包括果皮和种子两部分。其中，果皮又可分为外果皮、中果皮和内果皮三个部分。当然，在自然条件下，也有不经传粉受精而结果实的，或者受某种刺激而形成果实的，这些果实就没有种子，如香蕉、番茄等。

果实的味道

果实在生长过程中，除了形态和结构会发生变化，它的味道也会有明显的变化。

涩味。柿、李等果实未成熟时，由于细胞液中含有较多的单宁物质，所以有涩味。在果实成熟过程中单宁物质被酶氧化成无涩味的过氧化物，或凝集成不溶于水的胶状物质，便能使涩味消失。

酸味。未成熟果实中含有多种有机酸，这使水果具酸味。主要的有机酸有苹果酸、柠檬酸和酒石酸等。随着果实的成熟，有的酸转变成糖，有的被氧化，有的被钾离子和钙离子等中和，所以酸味下降。苹果中苹果酸占多数，柑橘中柠檬酸最多，葡萄中则以酒石酸为主。

甜味。果实中积累的淀粉，在成熟过程中逐渐被水解，转变为可溶性糖，使果实变甜。果实中的主要

涩味

酸味

甜味

糖类有葡萄糖、果糖和蔗糖。不同果实糖的种类及含量不同。如葡萄含葡萄糖多；桃、柑橘以蔗糖为主；柿、苹果既含较多的葡萄糖和果糖，也含少量的蔗糖。

水果蛋糕

果汁

果实的经济价值

果实与人类生活关系极为密切。在人类的食物中，绝大部分是禾谷类植物的果实，如小麦、水稻和玉米等。人们常吃的果品有苹果、桃、柑橘和葡萄等，它们富含葡萄糖、果糖与蔗糖，以及各种无机盐、维生素等营养物质。果实不仅可以鲜食，而且还能加工成果干、果酱、蜜饯、果酒、果汁和果醋等各类食品和饮品。此外，在中国民间使用的中药材中，枣、茴香、木瓜、柑橘、山楂、杏和龙眼等果实或果实的一部分还能入药。

果脯

水果冰品

植物的种类

ZHIWU DE ZHONGLEI

藻类植物

早在地球上还没有任何生物存在的时候，海洋里悄悄地长出了一丛丛绿色的生命，从此地球上最古老的植物诞生了，它们就是原核藻类——蓝藻。地球上也从此有了藻类植物这个庞大的集群。

藻类植物的特点

第一，藻体植物形态各式各样，但所有藻类植物体内都含有叶绿素，都能进行光合作用，此外还含有胡萝卜素、叶黄素等，能呈现出成千上万种颜色；第二，藻类植物无根、茎、叶的分化，因而它就是一个简单的叶，因此藻类植物的藻体统称为叶状体；第三，它们的有性生殖器官一般为单细胞，有的也可以是多细胞，但缺少一层包围的营养细胞，这些细胞都直接参与生殖作用。

藻类植物的分布

杉叶藻，其下部多浸在水中，上部则露于水面之上，分布在全球各地

藻类植物分布范围极广，对环境要求不严，适应性较强。它们不仅能生长在江河、溪流、湖泊和海洋，而且在极低的营养浓度、极微弱的光照强度和相当低的温度下也能生活。不管是在热带还是在两极，不管是在积雪的高山上还是在温热的泉水中，不管是在潮湿的地面还是在浅浅的土壤里，几乎到处都有藻类的踪影。

藻类植物的大小

藻类植物的形态、构造很不一致，因此大小相差也很悬殊。例如众所周知的小球藻，呈圆球形，是由单细胞构成的，直径仅数微米，必须在显微镜下才能看到。而生长在海洋里的巨藻，结构很复杂，体长可达 200 米以上。

藻类植物的种类

藻类植物种类繁多，目前已知的约3万种，由于藻类植物无根、茎、叶等器官的分化，所以根据它们所含色素的成分和含量及其同化产物、运动细胞的鞭毛以及生殖方式等的不同，可以将藻类分为四大类：红藻门、褐藻门、绿藻门和硅藻门。

红藻门

褐藻门

绿藻门

硅藻门

红藻门，绝大部分生长在深海里，它们通常都是附生在其他植物上。红藻大多数为多细胞，有丝状、分枝状、羽状或片状，形态有圆形、带形、椭圆形。由于它们除叶绿素外，还含有藻红素，因此常呈红色或紫红色。常见的有紫菜、石花、鸡毛藻等。

褐藻门，绝大多数生长在海里，也有少数种类生长在淡水里。褐藻一般由多细胞构成，体形较大。除了叶绿素以外，还含有大量的藻黄素，因此大多呈褐色。常见的有海带、裙带菜等。

绿藻门，藻类家族中的大户。不管是形态结构还是生活方式都是多样的。

泉水里的绿藻

绿藻不但含有叶绿素 a 和 b，还能将能源转化为淀粉存在其色素中。由于它体内叶绿素含量较多，所以大多呈绿色。常见的有水绵、海松等。

硅藻门，普遍分布于淡水、海水中和湿土上，是鱼类和无脊椎动物的食料。它是单细胞植物，彼此相连成群体。色素体呈黄绿色或黄褐色，形状有粒状、片状、叶状、分枝状或星状等。

藻类植物的经济价值

重要的天然饵料。小型藻类如扁藻、杜氏藻、小球藻等单细胞藻类蛋白质含量较高，是贝类、虾类和海参类爱吃的食物。

判断水质的依据。水色是由藻类的优势种及其繁殖程度决定的。如在水质肥沃的池塘，衣藻占优势，水呈墨绿色；在水质贫瘦的池塘，血红眼虫藻占优势，水呈红色。

重要的氮肥资源。固氮蓝藻是地球上提供化合氮的重要生物，目前已知固氮蓝藻有 120 多种，在每公顷水稻田中固氮量为 16 ~ 89 千克。

重要食材。褐藻门的海带、裙带菜，红藻门的紫菜，蓝藻门的发菜，绿藻门的石莼和浒苔等都是美味的食材。

菌类植物

菌类植物是个庞大的家族，几乎无处不在。现在，已知的菌类有10多万种。菌类植物结构简单，没有根、茎、叶等器官，一般不具有叶绿素等色素，因此不能进行光合作用，只能像寄生虫一样，附在其他生物体上，从其他生物体中摄取营养。

菌类植物的种类

菌类植物可分为细菌门、黏菌门和真菌门三类彼此并无亲缘关系的生物。

细菌门。细菌为原核生物，繁殖方式常为二分裂，即无性生殖，不进行有性生殖。其多数为异养型生物。

黏菌门。黏菌是介于动植物之间的一类生物，约有500种。黏菌的营养体是裸露的原生质体，称为变形体。由于原生质的流动，黏菌能蠕行在附着物上，并能吞食固体食物。黏菌营养体的结构、行动和摄食方式与原生动物相似，其繁殖方式又与植物相同，故黏菌兼有动物和植物的特性。除少数寄生在种子植物上的外其余都是腐生。

伞菌一般都可以食用

真菌门。真菌都有细胞核，多数植物体由细丝组成，每一根丝叫菌丝。分枝的菌丝团叫菌丝体。菌丝有

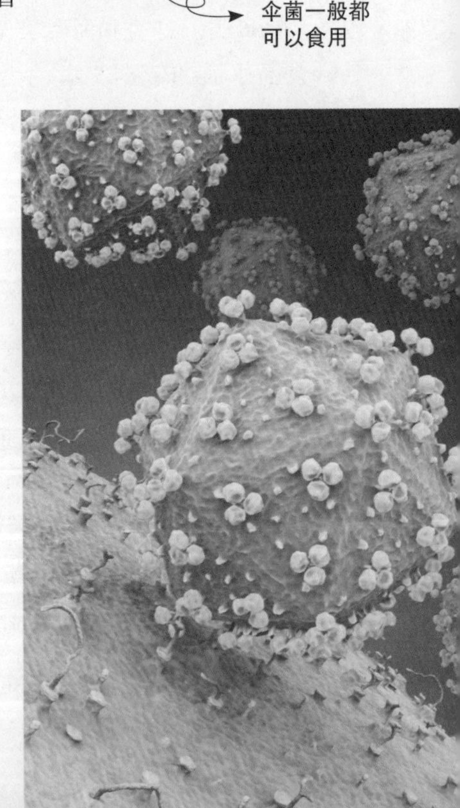

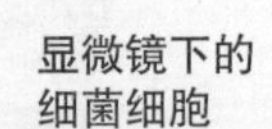
显微镜下的细菌细胞

的分隔，有的不分隔。高等真菌的菌丝体，常形成各种籽实体，比如常见的银耳、菌灵芝、蘑菇等都是子实体。真菌的生殖方式多种多样，无性生殖极为发达，形成各种各样的孢子；菌丝体的断片、碎片也能繁殖；有性生殖方式多样。

野生银耳

菌类植物的营养价值

菌类和人类的关系极为密切，许多种类可食用，例如木耳、冬菇等。食用菌的特点为高蛋白，无胆固醇，无淀粉，低脂肪，低糖，多膳食纤维，多氨基酸，多维生素，多矿物质。食用菌集中了食品的一切良好特性，营养价值达到植物性食品的顶峰，被称为上帝食品、长寿食品，能够增强免疫力，抗肿瘤，抗病毒，抗辐射，抗衰老，防治心血管病，保肝，健胃，减肥等作用。

要小心颜色鲜艳的野生菌类

蕨类植物

蕨类植物出现在距今大约4亿年前，是泥盆纪时期的低地生长的木生植物的总称。它们需要水分作为再生循环的一部分，自诞生起，已衍生出各种不同的种类，在今日仍是一种生命力顽强的植物。

蕨类植物的历史

因其叶像羊齿，故蕨类植物也叫羊齿植物。地球上的优质煤基本上是由石炭纪时的大型蕨类植物形成的。

在古生代，蕨类植物中的鳞木、芦木都很高大，后来绝大多数在中生代后期灭绝了，被埋在地层中慢慢地形成了煤等。现代生存的蕨类植物，多生长在湿润阴暗的丛林里，且多为矮小类型，它们有着顽强而旺盛的生命力，遍布于地球的温带和热带。除了世界上唯一幸存的桫椤是木本外，其他蕨类都是草本。

蕨类植物的分布

按照人们的一般印象，蕨类植物都是生长在阴暗

潮湿的林地角落里，但其实在平原、森林、草地、岩隙、泥塘、沼泽等地方都有蕨类植物的身影。地球上存活的蕨类约有12000种，分布在世界各地，但它们的根据地还是在热带和亚热带地区。中国约有2600种蕨类植物，多分布在西南地区和长江流域以南，尤其以云南省分布得最多，所以云南被称为“蕨类植物王国”。

刚长出来的叶子是蜷缩着的

叶子像羊齿

蕨类植物的形态

许多蕨类植物形态优美。刚刚生长出来的蕨类植物的叶子通常是蜷缩成一团的，随着它们慢慢长大，在温度、湿度的影响下，叶子逐渐舒展开，不同的蕨类植物的体形开始呈现出较大的差异。生长在温带地区的蕨类植物，体形较为小巧，如蕨菜，只能长到1米左右。而生长在热带地区的蕨类植物，则可以长得很高，比如桫椤，它最多能长到10米。

蕨类植物的经济价值

作为药物。据不完全统计，至少有 100 多种蕨类植物可以入药，如石松、金毛狗、肾蕨、贯众、槐叶苹等，都具有一定的药用价值。

作为食材。有多种蕨类都可以作为食材。我们常吃的有紫萁、荚果蕨、苹蕨、毛轴蕨等的幼叶。蕨的根状茎富含淀粉，可作为食材和酿酒的原料。

作为工业用料。石松的孢子可作冶金工业上的脱模剂，还可用于火箭、信号弹、照明弹的制造工业上，作为起火的燃料。

作为农业用料。有的水生蕨类是优质的绿肥，蕨类植物大多含有单宁，不易腐烂和发生病虫害。如满江红属的蕨类，它们在东西亚被当作稻田的生物肥料，同时还是家禽、家畜的优质饲料。

作为指示植物。一是土壤指示蕨类，如铁线蕨、凤尾蕨等属中的一些种类为强钙性土壤的指示植物，芒萁属于酸性土壤的指示植物；二是气候指示蕨类，如桫椤生长区域表明为热带、亚热带气候地区，巢蕨、车前蕨的生长地表明为高湿度气候地区；三是矿物指示蕨类，如木贼科的某些物种可作为某些矿物（如金）的指示植物。

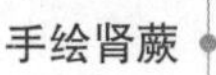

手绘肾蕨

蕨类植物的观赏价值

许多蕨类植物形姿优美，具有很高的观赏价值。它们有的苍翠挺拔，可栽种于庭院、园林中；有的碧绿柔弱，可栽培于室内。作为美丽的观叶植物：铁线蕨、桫椤、肾蕨，尤其是波士顿蕨、山苏花很受人们欢迎。

拥有“蕨类植物之王”美誉的桫椤

裸子植物

裸子植物是原始的种子植物，最初出现在古生代。在植物界中，种子是生命的延续，裸子植物却任由其种子裸露着，承受风吹雨打。裸子植物的优越性主要表现在种子繁殖上，是地球上最早用种子进行有性繁殖的植物种类。

裸子植物的繁殖

裸子植物的孢子体特别发达，并且胚珠呈裸露状态，没有被大孢子叶所形成的心皮包被。裸子植物的花粉粒一般由风力传播，并经珠孔直接进入胚珠，在珠心上方萌芽，形成花粉管，进达胚囊，使其完成受精。从传粉到受精这个过程，需经过相当长的时间。受精卵发育成具有胚芽、胚根、胚轴和子叶的胚。原雌配子体的一部分则发育成胚乳，单层珠被发育成种皮，形成成熟的种子。大多数裸子植物还具有多胚现象。

裸子植物的特征和种类

裸子植物的孢子体发达，绝大多数种类为高大乔木，枝条有长条和短条之分，叶多为针形、条形、鳞形，少数为扁平阔叶。现存的裸子植物大约有 800 种，通常分为五纲，包括买麻藤纲、红豆杉纲、苏铁纲、银杏纲和松柏纲。

红豆杉果

银杏纲植物

松树是常见的裸子植物

松树的种子

裸子植物的价值

裸子植物很多为重要林木，尤其在北半球，大的森林中的树木 80% 以上是裸子植物，如落叶松、冷杉、华山松、云杉等。其中一些木材质轻、强度大、不弯、富弹性，是很好的建筑、车船、造纸用材。苏铁叶种子、银杏种仁、松花粉、松针、松油麻黄及侧柏种子等均可入药。落叶松、云杉等的树皮、树干可提取单宁、挥发油和树脂等。刺叶苏铁幼叶可食，髓可制成西米。此外，银杏、华山松、红松等种子都可以食用。

裸子植物的木材是很好的建筑用材

被子植物

大约1亿年前，裸子植物由盛而衰，被子植物得到发展，成为地球上分布最广、种类最多的植物。被子植物也叫显花植物，因为它们拥有真正的花，这些美丽的花是它们繁殖后代的重要器官，也是它们区别于裸子植物及其他植物的显著特征。

被子植物的起源

世界上多数学者认为被子植物起源于白垩纪或晚侏罗纪。从花粉粒和叶化石中可以看出，被子植物出现于1.35亿~1.2亿年前的早白垩纪。在较早期的白垩纪沉积中，被子植物化石记录的数量与蕨类和裸子植物的化石相比还较少，直到距今9000万—8000万年的白垩纪末期，被子植物才在地球上的大部分地区占了统治地位。

被子植物的特点

被子植物即绿色开花植物，在分类学上常被称为被子植物门，是植物界最高级的一类。被子植物的习性、形态和大小差别很大，从极微小的青浮草生长成巨大的乔木桉

花是被子植物特有的结构

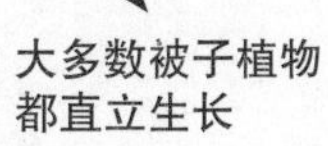

大多数被子植物都直立生长

树，都属于被子植物。大多数被子植物直立生长，但也有缠绕、匍匐或靠其他植物的支撑生长的。它们多含叶绿素，自己制造养料，但也有腐生和寄生的，不能自给自足。有几个科的植物还是肉食的。大多数被子植物为异花传粉，少数为自花传粉。胚珠外面有子房壁包被，种子外面有果皮包被，其受精过程不需要水，受精方式是双受精，这些特征为被子植物所独有。

被子植物的分布

被子植物分布在五湖四海，它们遍地开花，处处为家，适应能力极强。从北极到赤道，从江河湖海到雪山高原，从炎热的沙漠到贫瘠的盐碱地，到处都有被子植物的身影。

玉米的花穗

被子植物的繁殖

被子植物的繁殖方式分为有性繁殖和无性繁殖两种方式。有性繁殖，即精卵细胞形成、受精、形成胚的过程，这是在植物的花朵中进行的，这也是在所有植物中最复杂、最精妙的繁衍过程，可以让两株植物有机会产生基因变异，从而能适应多变的环境。无性繁殖，是指不经生殖细胞结合的受精过程，由母体的一部分直接产生子代的繁殖方法。

被子植物的种类

被子植物有 1 万多种，20 多万种，占植物界的一大半。它们形态各异，包括高大的乔木、矮小的灌木等木本植物及一些草本植物。中国有 2700 多种，约 3 万种。

① 郁金香

② 菊花

③ 杜鹃花

成熟的小麦穗

被子植物能有如此众多的种类和极强的适应性，与它结构的复杂化、完善化是分不开的。特别是繁殖器官的结构和生殖过程的特点，为它提供了适应环境、抵御各种风险的内在条件，使它在生存竞争、自然选择的矛盾斗争中，不断产生新的变异，产生新的物种。

被子植物门代表植物：木兰花

被子植物的价值

被子植物的用途很广。人类的大部分食物都来源于被子植物，如谷类、豆类、薯类、瓜果和蔬菜等。被子植物还为建筑、造纸、纺织、塑料制品、油料、纤维、食糖、香料、医药、树脂、鞣酸、麻醉剂、饮料等提供了原料。据估计，被子植物在农业、林业和生物医药学上发挥作用的种类至少超过6000种。还有一些被子植物纯粹用于园艺观赏，栽种花卉已经成为人们美化环境、调节空气的重要手段。

蔬菜大多也是被子植物

植物的生长技能

ZHIWU DE SHENGZHANG JINENG

光合作用

绿色植物利用太阳光，通过自身的叶绿体储存能量，释放氧气，实现对营养的摄取。这种独特的方式叫作光合作用，这是植物最显著的特征，也是生物界赖以生存的基础。

叶绿素

叶绿素是绿色植物体内所含的主要光合色素，在植物进行光合作用的过程中扮演着极为重要的角色。植物进行光合作用首先是叶绿素从光中吸收能量，然后把经由气孔进入叶子内部的二氧化碳和由根部吸收的水转变成淀粉等能源物质，同时释放氧气。大自然中绿色的山峦、青青的草原，都是叶绿素的功劳。

光合作用的原理

植物与动物不同，它们没有消化系统，因此它们必须利用独特的

方式给自己制造养料，实现对营养的摄入，这是一种自给自足的生活方式。对于绿色植物来说，它们可以在叶绿素的帮助下利用太阳光将二氧化碳、水等无机物转化为有机物，并释放出氧气。

光合作用的意义

植物的光合作用是地球生物圈赖以生存的基础。光合作用能将无机物转变成有机物，使之直接或间接作为人类或动物的食物。光合作用还能将光能转变成化学能。绿色植物在同化二氧化碳的过程中，把太阳光能转变为化学能，蓄积在形成的有机化合物中。人类所利用的能源，如煤炭、天然气、木材等都是现在或过去的植物通过光合作用形成的。光合作用还能维持大气中氧气和二氧化碳的相对平衡。在地球上，由于生物呼吸和燃烧需要消耗氧气，而恰恰绿色植物在吸收二氧化碳的同时释放出氧气，所以大气中的氧气含量总能维持在21%左右。

呼吸作用

任何动物都需要呼吸，那么植物需要呼吸吗？答案是肯定的。呼吸作用是生物体在细胞内将有机物氧化分解并产生能量的化学过程，是所有动物和植物都进行的一项生命活动。

呼吸作用的过程

呼吸作用的过程可以分为三个阶段：第一个阶段发生在细胞质基质中，葡萄糖初步分解成丙酮酸，产生少量的氢，释放出一小部分能量；第二个阶段发生在线粒体基质中，丙酮酸进一步分解成二氧化碳和氢，同时也释放出少量的能量；第三个阶段发生在线粒体内膜中，氢经过一系列的反应，与氧结合而形成水，同时释放出大量的能量。

有氧呼吸与无氧呼吸

呼吸作用是一种酶促氧化反应。虽然名为氧化反应，但不论有无氧气参与，都可称作呼吸作用。

植物的有氧呼吸是指植物细胞在氧的参与下，通过酶的催化作用，将有机物彻底氧化分解，产生出二氧化碳和水，并释放出大量能量的过程。有氧呼吸是人、动物和植物进行呼吸作用的主要形式。

植物的无氧呼吸是指植物细胞在无氧的环境下，通过酶的催化作用，把葡萄糖等有机物分解成为不彻底的氧化产物，同时释放出少量能量的过程。比如植物在被水淹没的时候，也可以进行短时间的无氧呼吸。

呼吸作用的意义

对生物体来说，呼吸作用具有非常重要的意义，这主要表现在两个方面：第一，为生物体的生命活动提供必要的能量。呼吸作用释放出来的能量，一部分转变为热能并散失，另一部分被储存在三磷酸腺苷中，当三磷酸腺苷在酶的作用下分解时，这部分能量就被释放出来。第二,为植物体内其他化合物的合成提供原料，比如葡萄糖分解时的中间产物丙酮酸是合成氨基酸的原料。

呼吸作用对环境的影响

植物不但能在光合作用的时候制造氧气，还能在呼吸作用的时候制造二氧化碳。不一样的是，光合作用是在白天进行，呼吸作用是白天晚上都在进行，所以植物在晚上只会呼出二氧化碳，因此清晨树林里的二氧化碳含量比较高，人们不宜晨练。

蒸腾作用

植物不仅可以进行光合作用和呼吸作用，还具备“出汗”的本领。培育一株小小的植物需要浇灌比它的体积多出很多的水，但这些水其实只有一小部分被植物吸收了，大部分就像汗液一样被蒸发掉，这个过程就是蒸腾作用。

蒸腾作用的过程

土壤中的水由根毛进入根、茎、叶内的导管，通过它们输送到叶肉细胞中。这些水除了一小部分参与了植物的各项生命活动以外，大部分都通过气孔散发到大气中，变成了水蒸气，这就是蒸腾作用的过程。这一过程不仅受外界环境条件的影响，而且受植物本身的调节和控制，因此它是一个复杂的生理过程。

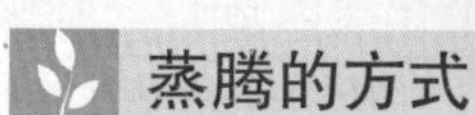

蒸腾的方式

蒸腾的途径通常分为三种：皮孔蒸腾、角质层蒸腾和气孔蒸腾。

植物进行皮孔蒸腾和角质蒸腾的水分量非常小。皮孔蒸腾约占树冠蒸腾总量的 0.1%。角质层蒸腾约占蒸腾总量的 5% ~ 10%，长期生长在干旱条件下的植物，其角质层蒸腾量更低。

气孔蒸腾就是通过气孔的蒸腾，是植物进行蒸腾作用最主要的方式。气孔是植物进行体内外气体交换的重要门户。水蒸气、二氧化碳、氧气都要共用气孔这个通道，气孔的开闭会影

响植物的蒸腾、光合、呼吸等生理过程。

蒸腾作用的意义

对环境而言，蒸腾作用能使空气保持湿润，降低气温，让当地的雨水量增多，形成良性循环，起到调节气候的作用。

对植物水分运输而言，对于那些高大的植物来说，蒸腾作用无疑是它们顶端部分“喝水”的最佳方式。假如没有蒸腾作用，由蒸腾拉力引起的吸水过程便不能产生，植株的较高部分就无法获得水分。

对降温而言，蒸腾作用能够降低叶片的温度。当太阳光照射到叶片上时，如果叶子温度过高，叶片就会被灼伤。而蒸腾作用能够降低叶片表面的温度，使叶子即使在强光下进行光合作用也不会受到伤害。

2

第二章

走进人类生活的植物

环顾我们身边，植物越来越广泛地渗透到我们的生活、生产中，成为人类的功臣。人们也越来越离不开植物，它们是我们的粮食，是我们爱吃的糖，甚至是为我们治疗疾病的高手……我们应该更好地保护它们。

榨干我们，就是油

人们做饭时使用的烹调油，大部分是从油棕、花生、大豆、芝麻、油菜、向日葵等一些油脂含量很高的油料植物的果实或种子中提炼出来的，它们为我们食用健康的粮油提供了优质的来源，是餐桌上必不可少的功臣。

花生

花生，也叫花生米，美名“长生果”，属于植物六大器官中的种子部分。花生的皮一般都是很粗糙的，多数带有方格形的花纹。剥开花生的外衣，里面是一层透明的薄皮，它属于保护组织，颜色大多数是浅红色的，只有少数是深紫色的。

植物名片

中文名： 花生
别称： 落生、落花生、长生果、泥豆、番豆、地豆
所属科目： 蝶形花科、落花生属
分布区域： 亚洲、非洲、美洲等地区

冷榨花生油，首先要选用优质花生米，然后剥去红色薄皮，在60℃的低温下进行冷榨、过滤等工艺，生产出花生油来。冷榨的花生油色泽浅，磷脂含量极其低，营养因子因为没有经过高温破坏而得以最大限度的保存，只需在物理过滤后便可食用，被称为“绿色环保营养油”。在各种油料作物中，花生也是产量高、含油量高的植物。

营养成分

花生米中含有蛋白质、脂肪、糖类、维生素A、

维生素 B_6、维生素 E、维生素 K，以及矿物质钙、磷、铁等营养成分，还含有 8 种人体所需的氨基酸及不饱和脂肪酸，卵磷脂、胆碱、胡萝卜素、粗纤维等物质，具有促进人的脑细胞发育，增强记忆的作用。

外衣营养

花生米上有一层红红的外皮，它含有丰富的营养成分，有止血、散瘀、消肿的功效，所以吃花生米时，最好不要搓掉它的“红色外衣”。

分布广泛

我国花生的产地分布广泛，除了西藏、青海以外，全国各地都有种植，其中山东的花生产量居于全国首位，其次是广东。花生是喜温耐瘠的油料作物，对土壤的要求不严，最喜欢排水良好的沙质土壤。

你知道吗

花生既可以生吃，也可以炒、煮、油炸后食用。在诸多吃法中，以炖着吃为最佳。用油煎、炸、爆炒等方法做着吃，对花生中富含的维生素E及其他营养成分破坏很大。花生本身含有大量植物油，遇高热会使甘平之性变为燥热之性，多食、久食或体虚火旺者食之，极易上火。因此，从养生保健及口味方面综合评价，还是用水煮着吃为最好。

大豆

大豆，其品种包括冬豆、秋豆、四季豆，在我国主要产于东北地区。大豆在中国古代称为“菽”，是一种含有丰富蛋白质的油料作物。大豆呈椭圆形、球形，颜色有黄色、淡绿色、黑色等，是豆科植物中最富有营养而又易于消化的食物，也是蛋白质最丰富、最廉价的食物。

植物名片

中文名：大豆
别称：青仁乌豆、黄豆、泥豆、马料豆、秣食豆
所属科目：豆科、大豆属
分布区域：世界各地

在榨大豆油的时候一定要加热，并且要加热均匀；温度在60℃左右，因为温度低不出油，温度高营养会流失；加热完后进行压榨。这样榨出来的大豆油才是营养最丰富的。大豆油的脂肪酸结构构成较好，它含有丰富的亚油酸，有显著的降低血清胆固醇含量、预防心血管疾病的功效；大豆中还含有多量的维生素E、维生素D以及丰富的卵磷脂，对人体健康都非常有益。另外，大豆油被人体消化吸收率高达98%，所以大豆油也是一种营养价值很高的优良食用油。

栽培广泛

大豆是中国重要的粮食作物之一，已有五千年的栽培历史，通常被认为是由野豆驯化而来，现已知约有1000个栽培品种。大豆原产于中国，以东北地区最著名，现广泛栽培于世界各地。

种类丰富

根据大豆的种皮颜色和粒形，可以分为五类：黄大豆、青大豆、黑大豆、其他大豆、饲料豆。其中黑色的大豆又叫作乌豆，可以入药，也可以充饥，还可以做成豆豉；黄色的大豆最常见，可以做成豆浆、豆腐，也可以榨油，或者做成大酱、黄豆酱等。其他颜色的大豆都可以炒熟后食用。

诸多用处

大豆加工后的主要产品包括豆油、豆粕和磷脂产品。豆油除作为食用油外，还可作为工业原料和生物燃料；豆粕是重要的饲用蛋白原料，是动物蛋白的主要来源；磷脂产品可用于食用添加剂和饲料添加剂。

你知道吗

大豆中含有丰富的大豆异黄酮、大豆卵磷脂、水解大豆蛋白，能够改善内分泌，消除活性氧和体内自由基，能延缓细胞衰老，使皮肤保持光滑润泽，富有弹性。

芝麻

芝麻，是胡麻的籽种，遍布于世界上的热带地区以及部分温带地区。芝麻的植株高 60 ~ 150 厘米，它的茎上生长着一对对的叶子。芝麻的种子很小，有白、黄、黑、紫等颜色，别看它小，含油量却能高达 55%。

植物名片

中文名： 芝麻
别称： 胡麻、油麻
所属科目： 胡麻科、胡麻属
分布区域： 热带及部分温带地区

芝麻是我国四大食用油料作物中的佼佼者。从芝麻中榨出来的油有一种特别的香味，因此又叫它香油。榨芝麻油，首先采用优质饮用水轻松实现油胚分离，期间不需添加任何化学溶剂，所以不存在任何化学溶剂残留；再用水代法生产工艺榨取芝麻油，将对人体有害的重金属从香油中沉淀出来，榨出完全健康的食用油。芝麻油不仅香味浓郁，还含有丰富的维生素 E，具有促进细胞分裂和延缓衰老的功能，对保护血管、润肠通便、保护嗓子都很有效。

食疗价值

芝麻有黑、白两种，食用以白芝麻为好，补益药则以黑芝麻为佳。古代养生学家陶弘景对芝麻的评价是“八

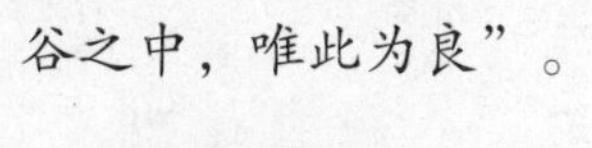

谷之中，唯此为良”。

科学食用

吃整粒芝麻的方式不是很科学，因为芝麻的外面有一层稍硬的膜，只有把它碾碎了，其中的营养物质才能被人体完全吸收。所以，整粒的芝麻炒熟后，最好是先碾碎了再吃。

营养丰富

芝麻中含有大量的脂肪和蛋白质，还有糖类、维生素A、维生素E、卵磷脂、钙、铁、镁等营养成分；芝麻中的亚油酸有调节胆固醇的作用。

黑芝麻油

油料地位

人们为了表示对芝麻及芝麻油的厚爱，把芝麻尊称为“油料作物皇后”，把芝麻油尊称为“植物油脂国王”。

你知道吗

在中国古代，芝麻历来被视为延年益寿的食品，宋代大诗人苏东坡也认为芝麻能强健身体，抗衰老。他介绍芝麻的食用方法，“以九蒸胡麻，用去皮茯苓，少入白蜜为面食，日久气力不衰，百病自去，此乃长生要诀”。

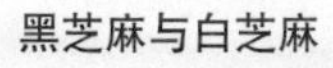

黑芝麻与白芝麻

向日葵

向日葵，别名太阳花，高1～3米，茎直立，粗壮，圆形多棱角，耐旱，花序的直径可以达到30厘米。向日葵原产于北美洲，现在世界各地均有栽培。

植物名片

中文名：向日葵
别称：太阳花、朝阳花、转日莲、向阳花、望日莲
所属科目：菊科、向日葵属
分布区域：世界各地

向日葵的种子叫葵花籽，方言叫作毛嗑、葵瓜子等，人们常常把它炒制之后作为零食。葵花籽也可以榨葵花籽油，油渣还可以做饲料。向日葵是世界第二大油料作物，在中国的栽培面积仅次于大豆和油菜，是第三大油料作物。葵花籽油是一种干爽的油，具有稳定的油脂，不易被氧化。葵花籽含脂肪油达50%以上，其中亚油酸占70%。此外，葵花籽还含有磷脂，有良好的降脂作用，其中所含的不饱和脂肪酸有助于人体发育和生理调节，能将沉积在肠壁上过多的胆固醇脱离下来，对于预防动脉硬化、高血压、冠心病等有一定作用。

名字由来

向日葵又叫朝阳花，因它的花常朝着太阳而得名。英语称之为sunflower，却不是因为它向阳的这一特性，而是因为它的黄花花盘像太阳的缘故。

种植历史

向日葵的野生品种主要分布在北美洲的南部、西部以及秘鲁和墨西哥北部地区。大约在1510年，航行到美洲的西班牙人把向日葵带回欧洲，开始在西班牙的马德里植物园种植，以供观赏。

朝向秘密

向日葵花盘一旦盛开后，就不再跟随太阳转动，而是固定朝向东方了。这是因为向日葵的花粉怕高温，固定朝向东方，可以避免正午阳光的直射，减少辐射量。早上的阳光照射足以烘干它花盘上在夜晚凝聚的露水，减少霉菌侵袭的可能性。

你知道吗

野生向日葵的用途很广：种子可以做成点心，还可以提炼成食用油；叶片是家畜喜爱的饲料；花可以做成染料；花托、茎秆、果壳等可作工业原料。

油菜

植物名片

中文名： 油菜
别称： 芸薹、寒菜、胡菜、苦菜、薹芥、瓢儿菜
所属科目： 十字花科、芸薹属
分布区域： 中国、印度、加拿大等地

油菜是我国播种面积最大、分布地区最广的油料作物，在我国主要产于长江流域及西南、西北等地，产量居世界首位。油菜花是喜凉的油料作物，对热量要求不高，对土壤要求不严。

油菜的种子榨出来的油通常称为菜籽油，简称“菜油”，主要取自甘蓝型油菜和白菜型油菜的种子，它们的平均含油量为40%，含蛋白质21% ~ 27%，含磷脂约1%。人体对菜籽油的吸收率很高，可达99%，因为它所含的亚油酸等不饱和脂肪酸和维生素E等营养成分能很好地被人体吸收，起到软化血管、延缓衰老的功效。菜籽油色泽金黄或棕黄，有一定的刺激性气味，老百姓称之为“青气味”，但特优品种的油菜籽就没有这种味道。

营养价值

菜籽油中含有多种维生素，其中维生素E含量丰富，是大豆油的2.6倍，而且在长期储存和加热后也不会减少太多，可作为食品中维生素E的补充来源。

油酸含量

优质菜籽油不饱和脂肪酸中的油酸含量仅次于橄榄油，平均含量在61%左右。此外，菜籽油中对人体有益的油酸及亚油酸含量均居各种植物油之冠。

种植区域

根据播种期的不同，油菜可以分为春油菜、冬油菜。春油菜、冬油菜分布的界限，相当于春、冬小麦的分界线略微偏南。我国以种植冬油菜为主，长江流域是全国冬油菜最大产区，其中四川的播种面积和产量均居全国之首。

你知道吗

油菜栽培历史十分悠久。中国和印度是世界上栽培油菜最古老的国家。全世界种植油菜以印度最多，中国次之，加拿大居第三位。

粮食都从哪里来

随着社会的发展，植物与人类的关系越来越密切，植物对人类的贡献也越来越大，甚至与人类息息相关、密不可分。例如，人们日常吃的粮食、瓜果等都来自植物，植物为人类的生存提供了丰富的营养物质和能量。

玉米

植物名片

中文名：玉米
别称：苞谷、苞米、棒子，粤语称其为粟米
所属科目：禾本科、玉蜀黍属
分布区域：世界各地

玉米，全世界总产量最高的粮食作物。按颜色来分，它主要有黄玉米、白玉米、黑玉米、杂色玉米这几种，其中种植最普遍的是黄玉米。

作为人们喜爱的一种食物，玉米含有人体所需的碳水化合物、蛋白质、脂肪、胡萝卜素和异麦芽低聚糖、核黄素、维生素等营养物质。德国营养保健协会的一项研究表明，在所有主食中，玉米的营养价值最高，保健作用最大。但是千万要注意，受潮的玉米会产生致癌物黄曲霉毒素，就不宜食用了。

玉米的谷蛋白低，因此它不适合用来制作面包，但是可以用来做成小朋友们爱吃的玉米饼。除此以外，玉米还可以用来榨油、酿酒，

你知道吗

以玉米淀粉为原料生产的酒精是一种清洁的“绿色”燃料，有可能在未来取代传统燃料而被广泛使用。

或者制成淀粉和糖浆。

生长条件

玉米的生长期较短，生长期内要求温暖多雨。玉米生长耗水量大，如果降水少，灌溉水又不足，就会导致减产甚至绝收。如果秋季初霜来临太早，玉米在成熟期受冻，也会减产。

分布地区

玉米原产地是中美洲。1492 年哥伦布在古巴发现玉米，带到整个南北美洲。1494 年他又把玉米带回西班牙。这之后，玉米才逐渐传至世界各地。现在，玉米在中国的播种面积很大，分布也很广，是中国北方和西南山区人民的主要粮食之一。

营养丰富

德国著名营养学家指出，在当今被证实的最有效的 50 多种营养保健物质中，玉米就含有 7 种。玉米是粗粮中的保健佳品，对人体的健康颇为有利，有增强人体新陈代谢、调整神经系统的功能。

小麦

小麦为禾本科植物，是世界上分布最广的一种粮食作物，播种面积为粮食作物之冠。小麦在中国已有5000多年的种植历史，目前主要种植于河南、山东、江苏、河北、湖北、安徽等省。

植物名片

中文名：小麦
别称：浮小麦、空空麦等
所属科目：禾本科、小麦属
分布区域：世界各地

《本草拾遗》中说："小麦面，补虚，实人肤体，厚肠胃，强气力。"小麦自古就是滋养人体的重要食物。小麦富含淀粉、蛋白质、脂肪、钙、铁、硫胺素、核黄素、烟酸及维生素A等人类所需的营养成分。但因品种和生长环境不同，营养成分的差别也较大。

小麦按播种季节不同分为春小麦和冬小麦；按麦粒粒质不同可分为硬小麦和软小麦；按皮色不同可分为白皮小麦、红皮小麦和花皮小麦。一般我们用来做面包的都是蛋白质含量

小麦面粉及麦粒

较高的硬小麦，用来做蛋糕和其他糕点的面粉就是软小麦。

小麦面包

产量惊人

小麦是三大谷物之一，籽实几乎全作食用，仅有1/6作为饲料等使用，是世界上总产量位居第二的粮食作物，仅次于玉米。

分布地域

小麦的种植主要分布在亚洲西部和欧洲南部。小麦是一种温带长日照植物，适应范围较广，从平原到海拔4000米的高原都有栽培。

小麦啤酒

你知道吗

《本草再新》一书把小麦的功能归纳为四种：养心、益肾、和血、健脾。对于更年期妇女，食用未精制的小麦还能缓解更年期综合征。小麦皮还能治疗脚气病呢。

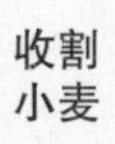

收割小麦

稻谷

稻谷，是没有去除稻壳的籽实。人类现今共确认了22类稻谷，唯一用来大规模种植的是普通类稻谷。稻谷是我国最主要的粮食作物之一，我国水稻的播种面积约占粮食作物播种总面积的1/4，产量在商品粮中占一半以上。

植物名片

中文名：稻谷
别称：无
所属科目：禾本科、稻属
分布区域：南亚、南美洲等地区

稻谷籽粒主要是由稻壳和糙米两部分组成。我们每天吃的大米就是用糙米加工出来的。糙米由果皮、种皮、外胚乳、胚乳及胚组成，经过机器加工，碾去皮层和胚等，留下的胚乳就是白花花的食用大米啦。由于谷粒外层蛋白质较里层含量高，因此，

精制的大米因被过多地去除外皮，蛋白质含量比粗制的米低。这就是精制大米虽然好吃，但是营养却不如粗制的丰富的原因。

保存条件

稻谷具有完整的外壳，对虫霉有一定的抵抗力，所以稻谷比一般成品粮好保存。但稻谷容易生芽，不耐高温，保存时需要特别注意。

三类稻谷

在我国粮油质量国家标准中，稻谷按照粒形和粒质分为三类：籼稻谷，即籼型非糯性稻谷；粳稻谷，即粳型非糯性稻谷；糯稻谷。

历史悠久

我国是稻作文化史最悠久，水稻遗传资源最丰富的国家之一。从浙江河姆渡遗址、罗家角遗址、河南贾湖遗址出土的炭化稻谷证明，中国的稻作栽培至少已有7000年以上的历史，是世界上栽培稻的起源地之一。

你知道吗

我国稻谷种植区域以南方为主，南方3个稻作区约占全国稻谷总播种面积的93.6%。南方省份多种植双季稻，以种植杂交籼稻和常规稻为主，而北方稻区大多种植单季稻，以种植粳稻为主。

高粱

高粱，自古以来就有“五谷之精、百谷之长”的盛誉。它的叶子和玉米的相似，比较窄，花序是圆锥形的，花朵长在茎的顶端。高粱的秆是实心的，中心有髓。穗的形状有带状和锤状两类。颖果呈褐、橙、白或淡黄色。

植物名片

中文名：高粱
别称：蜀黍、木稷、荻粱、乌禾、芦穄、茭子等
所属科目：禾本科、高粱属
分布区域：中国、非洲等地

高粱按照性状和用途可以分为食用高粱、糖用高粱、帚用高粱等类别。高粱在中国的栽培面积较广，以东北各地为最多。食用高粱籽食可以食用、酿酒，我国的茅台、泸州老窖、竹叶青等名酒都

是以高粱籽粒为主要原料酿造的；糖用高粱的秆可以制糖浆或者生食；帚用高粱的穗可以制笤帚或炊帚。高粱在中国经过长期的栽培，渐渐形成独特的中国高粱群，明显区别于非洲起源的各种高粱。

历史悠久

高粱是中国最早栽培的禾本科作物之一。有关高粱的出土文物及农书史籍证明，高粱的种植在我国最少也有5000年历史了。《本草纲目》记载："蜀黍北地种之，以备粮缺，余及牛马，盖栽培已有四千九百年。"

分布广泛

高粱有四十余种，分布于东半球热带及亚热带地区。高粱起源于非洲，公元前2000年已传到埃及、印度，后进入中国。现今，高粱主产国有美国、阿根廷、墨西哥、苏丹、尼日利亚、印度和中国。

食疗价值

高粱食疗价值相当高。中医认为，高粱性平味甘，无毒，能和胃、健脾、止泻，有固涩肠胃、抑制呕吐、益脾温中等功效。

你知道吗

在莫桑比克的一个溶洞中，考古学家发现了10.5万年前的各种石器，而且石器上面粘着许多当地的一种高粱颗粒。由于洞穴中很黑暗，不适合作物生存，这些高粱颗粒肯定不是洞穴中自然产出的。显然，原始人是从洞穴外收集了大量的高粱作物，然后在洞穴中用石器处理外壳后食用它们。这是迄今为止人类发现的最早的食用高粱。

高粱酒

做香料，我是大功臣

植物性天然香料也称植物性精油，是从植物的花、叶、茎、根、果实、树皮或树根中提取的易挥发芳香成分组成的混合物。天然香料以其绿色、安全、环保等特点，日益受到人们的钟爱。

玫瑰

玫瑰是著名的香料植物。它的茎较粗，上面有很多小刺，花朵呈红色、白色、粉色等颜色，花瓣形状柔美，气味芬芳。

玫瑰作为香料植物，其花朵主要用于食品及提炼成玫瑰油，玫瑰油主要用于化妆品、食品、精细化工等工业。从玫瑰花中提取的香精——玫瑰油，在国际市场上价格昂贵，1 千克玫瑰油相当于 1.25 千克黄金的价格，所以有人称之为“液体黄金”。某些特别的芳香种类，如中国的玫瑰和保加利亚的墨红，专为提炼昂贵的玫瑰油或食用糖渍。

玫瑰油成分纯净、气味芳香，一直是世界香料工业不可取代的原料之一，在欧洲多用来制造高级香水等化妆品。从玫瑰油废料中抽取的玫瑰水，因为没有添加任何添加剂和化学原料，是纯天然护肤品，具有极好的抗衰老和止痒功效。

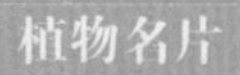
植物名片

中文名：玫瑰
别称：徘徊花、刺客、穿心玫瑰
所属科目：蔷薇科、蔷薇属
分布区域：中国、日本、朝鲜、保加利亚、美国等地

生长环境

玫瑰喜阳光、耐寒、耐旱，喜欢排水良好、疏松肥沃的土壤或轻壤土。所以把它们栽植在通风良好、离墙壁较远的地方，就更容易开出鲜艳、美丽的玫瑰花来。

花中皇后

玫瑰是中国传统的十大名花之一，素有“花中皇后”之美称。玫瑰是城市绿化和园林栽培的理想花木，也适用于作花篱。成片的玫瑰花丛，还能修剪出各种造型，点缀广场、草地、堤岸、花池。

药用价值

药用玫瑰花具有理气、活血、调经的功效，主治肝胃气痛、上腹胀满和跌打损伤等症状。

玫瑰香水

你知道吗

玫瑰花含有多种微量元素，维生素C含量高，所以用它制作各种茶点，如玫瑰糖、玫瑰糕、玫瑰茶、玫瑰酱菜、玫瑰膏等，不仅气味芬芳，而且有益于人们的身体健康。玫瑰花的根还可用来酿酒。

薰衣草

薰衣草的故乡位于地中海沿岸、欧洲各地及大洋洲列岛。薰衣草花色优美典雅，蓝紫色的花序颀长秀丽，是能在庭院中栽种的耐寒型观赏花卉。

薰衣草早在古罗马时代就已经是相当不普遍的香草，因为它的功效很多，故被称为“香草之后”。薰衣草的花瓣里有一种芳香的挥发油，在花朵盛开的季节不断挥发，产生阵阵幽香。正因为它的这种独特气味，让它成为全球最受欢迎的香草之一，被誉为“宁静的香水植物”“香料之王”“芳香药草之后”。从薰衣草中提炼出来的薰衣草油多用在美容、熏香、食用、药用等方面，用它制作的干花、精油、香包、香枕、面膜、薰衣草茶等深受人们的喜爱。薰衣草精油因为用途广泛而被称为“万油之油”。薰衣草还广泛用于医疗方面，是治疗伤风感冒、腹痛、湿疹的良药。

植物名片

中文名：薰衣草
别称：香水植物、灵香草、香草、黄香草
所属科目：唇形科、薰衣草属
分布区域：地中海沿岸、欧洲各地及大洋洲列岛等地

不爱喝水

薰衣草最无法忍受的是炎热和潮湿，若长期受涝容易烂根而死。特别是在开花期，它需要的水分很少；只有在生长期，它才需要大量的水分。

神奇功效

薰衣草制成的精油能缓解人紧张的神经，减轻头痛的症状，怡情养性，具有安神、促进睡眠的神奇功效，还可以减轻和治疗昆虫的咬伤。薰衣草的花束还可以驱除昆虫。

有关爱情

在欧洲，薰衣草似乎生来就与爱情相关，大量的爱情传说和民间习俗都涉及薰衣草。薰衣草的寓意为“等待爱情”，代表了爱与承诺，人们一直将薰衣草视为纯洁、清净、保护、感恩与和平的象征。

你知道吗

薰衣草茶是以干燥的花蕾冲泡而成的，不加蜂蜜和砂糖也甘香可口。薰衣草茶不带副作用，具有镇静、清凉爽快、消除肠胃胀气、助消化、预防恶心晕眩、缓和焦虑及神经性偏头痛、预防感冒等众多功效。

桂花

桂花，又名岩桂，品种包括金桂、银桂、丹桂、月桂等，是中国传统的十大花卉之一，也是集绿化、美化、香化于一体的观赏与实用兼备的优良园林树种。

植物名片

中文名：桂花
别称：木樨、岩桂、九里香、金粟
所属科目：木樨科、木樨属
分布区域：世界各地

桂花的花瓣为四裂，形状小巧，花簇生，有乳白、黄、橙红等颜色，清香浓郁，清可绝尘，浓能远溢。尤其是在中秋时节，夜静月圆之际，丛桂怒放，千里飘香，令人神清气爽。由于桂花内含有癸酸内酯、紫罗兰酮、芳梓醇氧化物等多种珍贵芳香物质，所以桂花以“天香”著称。其实早在春秋战国时期，古人就用桂花酿酒或作为香料。现在，以桂花为原料生产的桂花浸膏，在国际市场上每千克价值2000美元。中国已形成湖北咸宁、湖南桃源、安徽六安、广西桂林、贵州遵义、湖北武汉等集中种植桂花的地区。

生长环境

桂花喜欢温暖湿润的气候，既耐高温，也较耐寒。因此它们在中国秦岭、淮河以南的地区都可以平安越冬。桂花较喜阳光，也能耐阴，只是在阳光充足的地方，枝叶生长茂盛，开花繁密；在阳

光不足的地方，枝叶稀疏，花朵稀少。

栽培历史

桂花的民间栽培始于宋代，盛于明初。中国桂花于1771年经广州传入印度，再传入英国，此后在英国迅速发展。现今欧美许多国家以及东南亚各国均有栽培，以地中海沿岸国家的桂花生长得最好。

食用与药用

以桂花为食品工业原料，已生产出了桂花糕、桂花酱、桂花酒等产品。此外，桂花的保健和药用价值也很高。桂花味辛，可入药。秋季采花，春季采果，四季采根，分别晒干，可入药。

你知道吗

汉代，桂花被视为有"独秀"的个性，成为隐士的象征。宋代，人们将金榜题名称为"登科折桂"。许多与桂花有关的神话，如嫦娥奔月、吴刚伐桂等，更是流传至今。

茉莉花

植物名片

中文名：茉莉花
别称：香魂、莫利花、末利、木梨花
所属科目：木樨科、素馨属
分布区域：中国、印度等地

在素馨属植物中，最著名的一种是受到人们喜爱的茉莉花。因为茉莉花不仅花香浓郁，还有着良好的保健和美容功效。

茉莉花清香四溢，是著名的花茶原料和重要的香精原料。茉莉花可以薰制成茶叶，或蒸取汁液来代替蔷薇露。地处江南的苏州、南京、杭州、金华等地，长期以来都将茉莉花作为熏茶香料进行生产。

在世界上所有的花香里面，洁白纯净的茉莉花的作用是不容忽视的。我们使用的绝大部分日用香精里都包含有茉莉花香气，如香水、香皂、化妆品，都可以找到茉莉花的香型。不仅如此，茉莉花香气对合成香料工业还有一个巨大的贡献：数以百计的花香香料都是从茉莉花的香气成分里发现的，或者是化学家模仿茉莉花的香

茉莉花花苞

味制造出来的。茉莉花的香气是花香中最丰富多彩的，其中包含动物香、青香、药香、果香等。直到今天，研究茉莉花香气成分的过程中仍然有新的发现。许多有价值的新香料最早都是在茉莉花油里发现的，所以茉莉花油的身价很高，相当于黄金的价格。

种植要求

如果在家里盆栽茉莉花，盛夏季节每天要早、晚浇水，而北方空气干燥，还需补充喷水；冬季休眠期，要控制浇水量，盆土过湿会引起烂根或树叶掉落。

花香怡人

茉莉花叶片翠绿，花朵洁白，香味浓厚，多用于庭园栽培及家庭盆栽。人们用“花开满园，香也香不过它”来歌颂茉莉花，用“一卉能熏一室香”来赞美茉莉花，这全在于茉莉花的香味兼具玫瑰之甜郁、梅花之馨香、兰花之幽远、玉兰之清雅，令人心旷神怡。

你知道吗

茉莉花茶能“去寒邪、助理郁”，是春季饮茶之上品。在中国的花茶里，它有着“可闻春天的气味”之美誉。在茶叶分类中，茉莉花茶属于绿茶，但它没有喝绿茶时的涩感，鲜浓醇厚、更易上口，这也是北方人喜爱喝茉莉花茶的原因之一。

茉莉花茶

薄荷

许多小朋友都知道，薄荷的味道不仅是清新的，还有一种辣辣的、冰冰凉凉的感觉。薄荷是一种重要的香料植物，我国主要分布在江苏等沿海地区。薄荷的茎呈四棱形，叶子的表面有油腺，是储存薄荷油的主要部位。薄荷油主要来源于叶片，大约占整株的98%以上。薄荷油和它的衍生品被广泛地应用于各类化妆品、食品、药品、烟草和其他用品中。亚洲薄荷油是用途最广和用量最大的天然香料之一。中国则是薄荷油、薄荷脑的主要输出国之一。薄荷整株都散发着一种特殊的香味，是因为含有薄荷醇的缘故。纯度高的薄荷醇药用价值相当高。

植物名片

中文名：薄荷
别称：野薄荷、银丹草、夜息香
所属科目：唇形科、薄荷属
分布区域：中国、美国、西班牙等地

人们在一些食品、糕点、糖果、酒类、饮料中加入微量的薄荷油或薄荷脑，就会具有明显的芳香怡人的清凉气味，能够增进食欲、促进消化。在空气清新剂、卫生杀菌、杀虫剂、面巾纸，以及除臭杀菌的鞋垫、保健内衣、被褥等家庭卫生用品中加入适量薄荷油，既清凉芳香，又有杀菌消毒的功效。

生长环境

薄荷的适应性很强，能生长在海拔2100米以下的地区。但在光照不充足、阴雨天多的地方，薄荷中的薄荷油和薄荷脑的含量就会很低，这说明日照时间对薄荷油、薄荷脑的形成起很大的作用。

蜜蜂也被薄荷的味道吸引

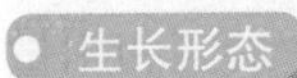

生长形态

薄荷多生于山野、湿地、河流旁，根茎横生地下。全株气味芳香，叶对生；花朵较小，呈淡紫色，唇形，结暗紫色的小粒果。在自然生长情况下，每年开花一次。

加工方式

薄荷醇的收集方法是将花、叶、茎、根部等加水蒸馏，然后从蒸馏出来的精油中收集。

薄荷茶

你知道吗

薄荷油能抑制胃肠平滑肌收缩，有解痉作用。薄荷醇有明显的利胆作用。薄荷脑能抗刺激、祛痰，并有良好的止咳效果。

我能变出甜甜的糖

小朋友们大都十分喜欢甜甜的食物，可是你知道甜食中的糖分别都是从哪儿来的吗？有一些植物居然能变出糖来，人们把这些植物称为糖料作物，赶紧来了解一下吧。

甘蔗

植物名片

中文名：甘蔗
别称：薯蔗、糖蔗、黄皮果蔗
所属科目：禾本科、甘蔗属
分布区域：热带和亚热带地区

甘蔗含糖量十分丰富，原产于中国，是热带和亚热带糖料作物。甘蔗分紫皮甘蔗和青皮甘蔗两种，由于具有清热生津的功效，所以，古人称甘蔗汁为“天生复脉汤”。中国最常见的食用甘蔗是竹蔗，味道清甜可口。甘蔗中含有丰富的糖分、水分，还含有对人体新陈代谢非常有益的各种维生素、脂肪、蛋白质、有机酸、钙、铁等物质。

我们吃的糖，大部分是用甘蔗制造出来的。甘蔗的茎一般有 2 ~ 6 米高，茎里藏着的就是甜甜的甘蔗汁。人们对

这些汁液进行提炼，蒸发掉水分，得到的白色结晶颗粒就是糖。甘蔗除了是制造蔗糖的原料，还可以提炼出乙醇作为能源替代品。

出产国家

全世界有100多个国家出产甘蔗，较大的几个甘蔗生产国是巴西、印度和中国。甘蔗现广泛种植于热带及亚热带地区，种植面积较大的国家还有古巴、泰国、墨西哥、澳大利亚、美国等。

种类特点

甘蔗按用途可分为果蔗和糖蔗。果蔗是专供鲜食的甘蔗，它具有较易撕、纤维少、糖分适中、茎脆、汁多味美、口感好以及茎粗、节长、茎形美观等特点。糖蔗含糖量较高，是用来制糖的原料，一般不会用于市售鲜食。

产糖历史

第一个利用甘蔗来生产糖的国家是印度。公元前320年，生活在印度的古希腊历史学家麦加斯梯尼把糖称作“石蜜”，从这个名称中就可以看出，那时印度已经开始使用糖了。

甘蔗汁

你知道吗

甘蔗的下半截比上半截甜。这是因为在甘蔗的生长过程中，它吸取的养料除了供自身生长消耗外，多余的部分就贮存起来了，而且大多贮藏在根部。甘蔗茎秆所制造的养料大部分都是糖类，所以甘蔗根部的糖分最浓。

甜菜

甜菜，是著名的糖料作物，原产于欧洲西部和南部沿海，是除甘蔗以外的另一种糖的主要来源。野生品种滨海甜菜是栽培甜菜的祖先，大约在公元5世纪从阿拉伯国家传入中国。1906年，糖用甜菜被引入中国。

> **植物名片**
>
> **中文名：**甜菜
> **别称：**菾菜、红菜头
> **所属科目：**藜科、甜菜属
> **分布区域：**欧洲、中国等地

甜菜的栽培种类有糖用甜菜、叶用甜菜、根用甜菜、饲用甜菜等。用作制糖原料的糖用甜菜是两年生草本植物，与甘蔗不同的是，它的根才是人们提取糖的原料，其制糖程序与甘蔗的制糖程序一样。除了生产蔗糖，甜菜的茎叶还是很好的多汁绿色饲料。

甜菜地

红甜菜

种植区域

甜菜作为糖料作物栽培始于18世纪后半叶。当今世界甜菜种植面积约占糖料作物的48%，仅次于甘蔗，其中以欧洲最多，其次为北美洲，亚洲居第三位，南美洲最少。

色素作用

甜菜根是很好的色素来源，其色素含量极高，主要色素称甜菜红，每100克的甜菜根含有高达200毫克的色素。甜菜根的色素常常被用在小朋友们喜欢的冰激凌、凝态优酪乳及糖果等食品中。

你知道吗

甜菜很容易被消化，有助于提高食欲，缓解头痛，还能预防感冒和贫血。甜菜根中还含有一定数量的镁元素，有软化血管、防止血栓形成的作用。

冰激凌中的色素大多来自甜菜根

糖枫

植物名片

中文名： 糖枫
别称： 糖槭、美洲糖槭
所属科目： 槭树科、槭属
分布区域： 北美洲等地

糖枫，是一种落叶大乔木，树干中含有大量淀粉，冬天成为蔗糖。春天来到，树干中的蔗糖变成香甜的汁液。如果在糖枫树干上钻个孔，汁液便会流出来。糖枫的汁液是一种无色、易流动的液体，含有糖及各种酸与盐分。将汁液中的水分蒸散后，就制成了枫糖浆。这种枫糖浆呈黄褐色，最淡的为最高级，颜色越浓级别就越低。枫糖浆的产量以加拿大为最多。

收集汁液的时候，农夫会在树龄超过 40 年的糖枫树上钻一个深入树干约 5 厘米的洞，并插上导管，挂上收集树液的桶，让树液慢慢地滴进桶里。一棵直径为 25 厘米左右的糖枫，一般只能钻一个洞，因为糖枫也需要休养生息，恢复元气。从树干流出的汁液，可以制作成砂糖。用糖枫树汁熬制成的糖是小朋友们爱吃的枫糖，甘甜爽口。糖枫树汁还常用来制作蜜饯或者调味品。

生长习性

糖枫容易栽种与移植，喜光，并且生长速度相当快，有一定的遮阴效果。秋天，糖枫的树叶呈现漂亮的颜色，因此人们常常把它们种在街道旁及庭园里。

木材优质

糖枫的木材叫作硬枫木，是制作家具和地板的珍贵原料。硬枫木木质坚硬，强韧，密度大，并且纹理细密，颜色很淡，抛光后十分光滑。保龄球道及保龄球瓶便常用硬枫木作为制作材料。

糖浆等级

枫糖浆有三个等级：一级，有浓厚的枫树原味，最适合直接吃；二级，口味稍差点儿，颜色是琥珀色；三级，颜色最深，适合做食品添加剂。

趣味吃法

在加拿大，有一种非常有趣的枫糖浆吃法，被称为“雪上的枫树果汁”，这可是小朋友的最爱。冬天，人们在木板上铺上干净的雪，再把煮沸的枫糖浆淋在雪上，等枫糖浆凝固，用小木棒把凝固的枫糖浆卷起来，就制成很美味的枫糖棒棒糖了。

你知道吗

糖枫是美国纽约州、罗得岛州、佛蒙特州和威斯康星州的州树。枫叶是加拿大的国徽符号，也是加拿大国旗上的图案。

加拿大国旗上的枫叶图案

干杯，饮料

植物不仅能为人类提供粮食、治疗疾病，还能作为饮品丰富人们的生活。咖啡、可可和茶叶，并称为世界三大植物饮料，均含有咖啡因，能对人体起到消除疲劳、振奋精神、促进血液循环、利于尿液排出、提高思维活力等多种功效。

咖啡树

咖啡树是常绿小乔木，原产于非洲的埃塞俄比亚。咖啡树的果实分为小果、中果、大果等。成熟的咖啡果外形像樱桃，呈鲜红色，果肉甜甜的，内含一对种子，这就是咖啡豆。咖啡豆炒熟碾成粉后可制成饮料。

植物名片

中文名： 咖啡树
别称： 无
所属科目： 茜草科、咖啡属
分布区域： 非洲、美洲、中国等地

咖啡有“黑色金子”之美称，品种有小粒种、中粒种和大粒种。小粒种含咖啡因成分低，香味浓，中粒种和大粒种咖啡因含量高，但香味就差一些。咖啡豆含有咖啡因、蛋白质、粗脂肪、粗纤维和蔗糖等九种营养成分，制作成饮料，不仅醇香可口，略苦回甜，而且有兴奋神经、驱除疲劳等作用。在医学上，咖啡因可用来作麻醉剂、兴奋剂、利尿剂和强心剂，还能帮助消化、促进新陈代谢。咖啡果的果肉富含糖分，可以用来制糖和酒精。咖啡花含有香精油，能提取出来制成高级香料。

发现咖啡

世界上第一株咖啡树是在非洲之角发现的。当地土著部落经常把咖啡的果实磨碎，再把它与动物脂肪掺在一起揉捏，做成许多球状的丸子。这些土著部落的人将这些咖啡丸子当成珍贵的食物，专门提供给那些即将出征的战士享用。

用作饮料

古时候的阿拉伯人最早把咖啡豆晒干熬煮成汁液后当作胃药来喝，认为其有助于消化。后来发现咖啡还有提神醒脑的作用，于是咖啡又作为提神的饮料而时常被人们饮用。

风靡世界

咖啡作为一种优雅、时尚、高品位的饮料早已风靡全世界，咖啡的种植也遍及76个国家和地区，其中以素有“咖啡王国”之称的巴西产量和出口量最多。

你知道吗

千万不能在空腹时喝咖啡，因为咖啡会刺激胃酸分泌，尤其是患有胃溃疡的人更不能喝。咖啡作为一种刺激性饮品，要根据个体情况适当饮用。此外，高血压患者应避免在工作压力大的时候喝含咖啡因的饮料。

可可树

可可树，是热带常绿乔木，原产于南美洲亚马孙河流域的热带森林中。当地人将野生的可可捣碎，加工成一种名为“巧克脱里”的饮料，后发现其具有刺激中枢神经的功能，能够有效地补充人体能量，激发人的运动潜能，因此称其为“神仙饮料”。

植物名片

中文名：可可树
别称：无
所属科目：梧桐科、可可属
分布区域：南美洲、非洲、东南亚等地区

16世纪以前，南美洲人十分喜爱可可豆，甚至把它当作钱币来使用。后来欧洲人来到南美洲，发现可可树的种子内含有50%的脂肪，20%的蛋白质，10%的淀粉，以及少量的糖分和0.05%的咖啡因，故又称其为“神粮树”。人们将可可树的种子发酵烘干后，提取30%的可可脂，余下的部分加工成可可粉，用来调制饮料。可可粉里加入糖、牛奶，能制成各种巧克力食品，不仅味美，而且富含营养，受到全世界人民的喜爱。

观赏价值

可可树的花生长在主干和老枝上，果实又长又大，呈红色或黄色，很有观赏价值，是典型的热带果树。

生长环境

可可树只在炎热的气候下成长，所以可可树主要分布在以赤道为中心南北纬20摄氏度以内的热带地区。可可树的果实内一般含有30～50粒种子，这些种子在常温下是固体，超过37摄氏度就开始熔化。

重要食品

每100克可可粉大约可以产生320千卡的热量，因此它是宇航员、飞行员和病人的重要食品。

你知道吗

大约3000年前，美洲的玛雅人就开始培植可可树。他们将可可豆烘干后碾碎，加水和辣椒，混合成一种苦味的饮料。该饮料后来流传到南美洲和墨西哥的阿兹特克帝国，阿兹特克人称之为“苦水”，并将其加工成专门供皇室饮用的“热饮”，叫作chocolatl，是“巧克力”这个词的来源。

茶树

茶树为常绿灌木或小乔木，喜欢温暖湿润的气候，而且喜光耐阴，树龄可达数百年甚至上千年。茶树的叶子呈椭圆形，边缘有锯齿，春、秋季时可采嫩叶制成茶叶；种子可以榨油；茶树的材质细密，其木可用于雕刻。

茶叶是由茶树的嫩叶经过发酵或烘焙而成，可以用开水直接冲泡饮用，是绿色保健饮料。将茶树的嫩叶加工成干茶叶作饮料，在我国已有 2000 多年的历史。世界各地的栽茶技艺、制茶技术、饮茶习惯等都源于我国，现在全世界饮茶的人数约占世界总人口的一半，这是中国对世界饮料的一大贡献。我国人民不但最早发现并利用了茶树，而且拥有世界上最多的茶叶品种。依据茶叶制作过程中茶叶的多酚类物质氧化程度的不同，我国将茶叶划分为红茶、

植物名片

中文名：茶树
别称：无
所属科目：山茶科、山茶属
分布区域：世界各地

绿茶、青茶、黄茶、白茶、黑茶六大类。

药用价值

茶叶中含有多种营养成分，具有特殊的医疗保健作用。经常饮用茶水，除了具有兴奋中枢神经、利尿、降低胆固醇、防止动脉粥状硬化外，对辐射、龋齿、癌症、慢性支气管炎、肠炎、贫血及心血管疾病也有较好的预防作用。

产地明确

根据大量的历史资料和近代调查研究材料，不仅能确认中国是茶树的原产地，而且已经明确中国的西南地区（云南、贵州、四川），是茶树原产地的中心。

生命周期

茶树种植后约 3 年起可少量采收，10 年后达盛产期，30 年后即开始老化，此时可把茶树从基部砍掉，让它重新生长，再到老化后就须挖掉重新栽种。

生长条件

茶树对紫外线有特殊嗜好，因此高山出好茶。在一定高度的山区，雨量充沛，云雾多，空气湿度大，散射光强，这对茶树生长有利；但如果将茶树种在 1000 米以上的山上，就会受冻害威胁。

你知道吗

茶有健身、治疾的药物疗效，又富欣赏情趣，可陶冶情操。品茶待客是中国人高雅的娱乐和社交活动，坐茶馆、茶话会则是社会性群体茶艺活动。中国茶艺在世界享有盛誉，在唐代就传入日本，形成日本茶道。

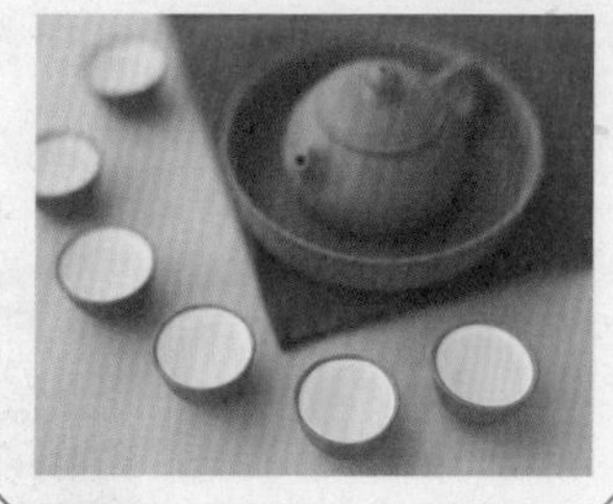

长在架子上的蔬菜

在我们常吃的蔬菜中，很多瓜豆类都属于蔓性或攀缘性植物，它们需要抓着东西向上爬。由于需要支撑，菜农们在种植它们的时，往往用藤条、柳条或竹片编制成攀缘架子来辅助这些蔬菜的生长。

丝瓜

夏天，我们的餐桌上会常常出现一种蔬菜——丝瓜，它是一种攀缘性的植物。丝瓜是原产于印度的一种植物，又称菜瓜，现在在东亚地区被广泛种植，在我国珠江三角洲特指为八角瓜。丝瓜的根系非常强大，主蔓和侧蔓生长得十分繁茂，茎节上会长出像胡须一样的分枝卷须。

植物名片

中文名：丝瓜
别称：胜瓜、菜瓜
所属科目：葫芦科、丝瓜属
分布区域：中国、东亚地区

丝瓜的茎为蔓生，当丝瓜长出 5 到 6 片真叶时，就开始吐须抽蔓，这时就可以搭架引蔓了。搭架可根据各地栽培习惯，有搭建平棚的，

丝瓜花

也有搭建“人”字架的，支架高度在2米左右，一定要牢固耐用，便于丝瓜攀爬生长。根据丝瓜子蔓的生长和结果情况，可以把茎基部的无效子蔓摘除，以利于通风透光，让丝瓜的子蔓分布均匀。

营养较高

丝瓜属于夏季蔬菜，所含的各类营养成分在瓜类食物中较高。丝瓜中含的维生素B_1能防止皮肤老化，维生素C能使皮肤洁白、细嫩，因此丝瓜汁有“美人水”之称。

丝瓜种类

丝瓜分为有棱和无棱两类。有棱的丝瓜称为棱丝瓜，形状像一根棒子，前端较粗，长着绿色的硬皮，没有茸毛，有8 ~ 10条棱。无棱的丝瓜称为普通丝瓜，俗称“水瓜”。

丝瓜络可用来洗碗

作用不小

丝瓜成熟时里面的网状纤维称丝瓜络，可代替海绵来洗刷灶具及家具。丝瓜还可供药用，有清凉、利尿、活血、通经、解毒、抗过敏、美容之效。

你知道吗

丝瓜不宜生吃。丝瓜汁水丰富，宜现切现做，以免营养成分随汁水流走。烹制丝瓜时应注意尽量保持清淡，少用油，可勾稀芡，用味精或胡椒粉提味，这样更能显出丝瓜香嫩爽口的特点。

丝瓜炒鸡蛋

黄瓜

黄瓜因其清香爽口的口感，深受人们喜爱。但你知道吗，黄瓜最早是由西汉时期张骞出使西域时带回中原的，那时它叫作胡瓜。黄瓜现广泛分布于中国各地，是主要的温室蔬菜产品之一。

植物名片

中文名：黄瓜
别称：胡瓜、刺瓜、王瓜、勤瓜、青瓜
所属科目：葫芦科、黄瓜属
分布区域：温带及热带地区

黄瓜也是蔓生攀缘性的蔬菜作物，生长期间需要人工搭建支架进行栽培。黄瓜种植好了以后，要立即搭架子，一般都搭成大约 1.3 米高的“人”字形，必须要牢固耐用。当主蔓长到 20 ~ 30 厘米时，就要开始绑蔓了，每隔 4 片叶子绑一次。等主蔓爬满“人”字架后，就能让它顺其自然地生长了。黄瓜生长的夏季，是高温多雨的季节，这时既要防止黄瓜高温缺水，又要防止暴雨毁苗，所以在搭好支架后，还要盖上遮阳网，并且在大雨前给支架盖好膜，这样才能结出丰硕的黄瓜。

黄瓜架

黄瓜花

新鲜的黄瓜营养价值很高

清香的黄瓜汁

营养价值

黄瓜的营养价值很高，具有除湿、利尿、降脂、镇痛、促消化的功效。尤其是黄瓜中富含的纤维素，能够促进肠内腐败食物排泄，而黄瓜所含的丙醇、乙醇和丙醇二酸还能抑制糖类物质转化为脂肪，是较好的减肥食材。

浑身是宝

黄瓜浑身都是宝。生吃黄瓜可以美容养颜。黄瓜汁可以降火气，排毒养颜。将黄瓜沫敷在脸上，可以祛痘。

你知道吗

在清洗黄瓜时，不要使用普通的洗涤剂清洗，因为洗涤剂本身含有的化学成分容易残留在黄瓜上，对人体健康不利。最好的办法是用盐水冲洗黄瓜。

扁豆

菜园里，我们常常能见到架子上长着长长的扁豆。扁豆为什么要长在架子上呢？原来，它也是一种攀缘植物。目前在世界上热带、亚热带地区均有栽培。我们日常食用的扁豆一般是扁豆的嫩荚，而扁豆的花和种子是用来入药的。

植物名片

中文名： 扁豆
别称： 火镰扁豆、膨皮豆、藤豆、沿篱豆、鹊豆
所属科目： 豆科、扁豆属
分布区域： 温带、亚热带地区

扁豆的植株是蔓生的。当扁豆的豆瓣中长出小茎时，这些扁豆的茎就会顺着人工搭建好的竹竿或者支架，很有秩序地从右往上爬。当蔓长到35厘米左右的时候就需要搭建“人”字架，引蔓上架了。扁豆的蔓一般会长到2.5米左右，生长期长势旺盛，有分枝，花冠呈紫红色。扁豆是一个耐旱力很强的品种，幼苗期只需要很少的水，但蔓伸长后就需要较多的水分。扁豆的适应性很广，对气候和土壤的要求不严，适合在我国广大的蔬菜区大面积种植。

扁豆花

生长环境

扁豆起源于亚洲西南部和地中海东部地区，现在多种植在温带和亚热带地区。由于扁豆喜欢冷凉的气候，所以在热带地区最寒冷的季节或在高海拔地区也有栽培。世界上约有 40 个国家栽培扁豆，其中亚洲的产量最多。

你知道吗

家庭烹制扁豆一定要炒熟。因为扁豆不仅含有蛋白质、碳水化合物，还含有毒蛋白、凝集素以及能引发溶血症的皂素，所以一定要煮熟后才能食用，否则可能会出现食物中毒。扁豆越嫩，毒素越小，因此要尽量购买生嫩的扁豆。烹饪前要先去掉扁豆尖及两边的荚丝，再用开水浸泡15分钟，毒素就消失了。

扁豆炒肉

药用价值

扁豆制成药后，是一种甘淡温和的健脾化湿良药，可以治疗脾胃虚弱、饮食减少、反胃冷吐等病症，还能够祛除暑湿邪气，可以用于夏伤暑湿、脾胃不和所导致的呕吐、腹泻。

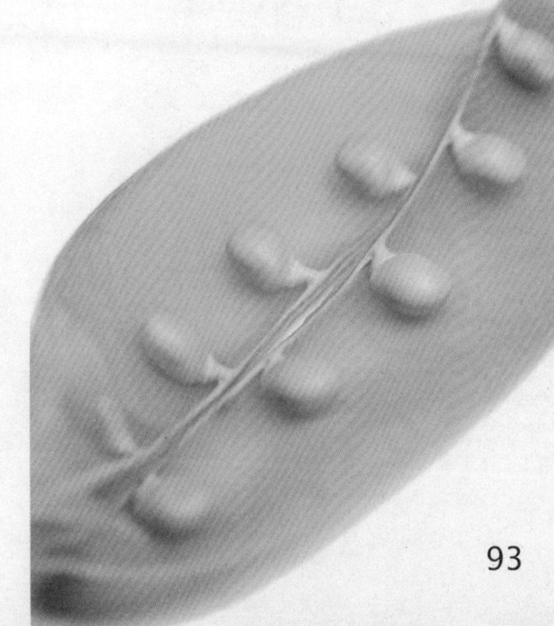

番茄

味甜可口的番茄，既可以当成蔬菜，也能够作为水果食用。它营养丰富，具有特殊风味，是全世界人民都很喜欢的一种蔬菜。

植物名片

中文名： 番茄
别称： 番柿、六月柿、西红柿、洋柿子、爱情果
所属科目： 茄科、茄属
分布区域： 世界各地

番茄是一种长势十分旺盛的蔬菜，只有修剪得当才能硕果累累。经验丰富的菜农都知道，种植番茄最重要的不是如何促使它成长，而是如何节制和引导它的长势。番茄的植株呈藤蔓状，需要有支撑物，在整个生长季节都会持续地开花结果。由于番茄长势过猛，因此必须搭架，并且需要不断地绑结和修剪，控制分枝生长的数量，让所有的叶子都能接受日照，才能最大限度地发挥光合作用。在幼苗时，就要给番茄立起支架，当开出第一簇花，所有的枝茎和果实都要捆绑在支架上，以免因过分沉重而倾倒。如果没有支架，任由番茄的植株倒在地上，不仅凌乱不堪，而且容易使番茄的叶子沾染

番茄花

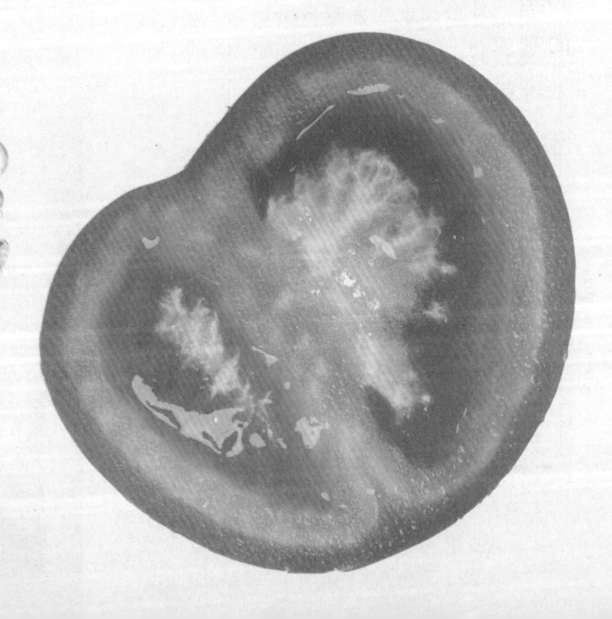

爬在架子上还未成熟的番茄

土壤表面的真菌孢子，导致生病。

营养价值

由于番茄中含有维生素 A、维生素 C 的比例适中，常吃可增强血管功能，预防血管老化。但番茄中的番茄红素则需要加热煮熟后吃才能被人体充分吸收。

降低辐射

番茄中的番茄红素可以促进血液中胶原蛋白和弹性蛋白的结合，使肌肤充满弹性。科学调查发现，长期食用番茄及番茄制品的人，受辐射损伤较轻，由辐射所引起的死亡率也较低。特别值得一提的是，番茄红素还有祛斑、祛色素的功效。

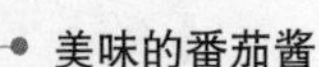

美味的番茄酱

你知道吗

番茄最早生长于南美洲的秘鲁和墨西哥，是一种生长在森林里的野生浆果。因为它色彩娇艳，就像颜色娇艳的剧毒蘑菇一样，所以人们把它当作有毒的果子，视它为“狐狸的果实”，称之为“狼桃”，只用来观赏，无人敢吃。

我是治疗疾病的高手

植物界里存在着形形色色的植物类群，有些能够杀人于无形，有些却可以令人起死回生、恢复健康。这些能治病的植物在中国被称为中草药。中国人用它们神奇的功效来治疗疾病，已有几千年的历史，它们为人类社会的发展做出了重大贡献。

人参

人参喜欢阴凉、湿润的气候，多生长在昼夜温差小，海拔在500 ~ 1100米的山地缓坡或斜坡地的针阔混交林或杂木林中，并且生长极为缓慢，生长了50多年的人参在干燥后也许只有十几克重。人参是一种多年生草本植物，主根呈圆柱形或纺锤形，根须细长，通常要3年才开花，5 ~ 6年才结果。由于人参的全貌颇似人形，所以被称为人参。据说，人参可以活400年，是真正的“寿星”。

植物名片

中文名：人参
别称：黄参、圆参、人衔、鬼盖、神草、土精、地精
所属科目：五加科、人参属
分布区域：中国、朝鲜、韩国等地

人参的果实

人参自古以来就拥有“百草之王”的美誉，更被医学界称为滋阴补肾、扶正固本之极品，是闻名遐迩的“东北三宝”之一。人参的品类众多，产自中国东北长白山的是珍品，吉林的“森娃娃”等更是驰名中外、老幼皆知的名贵药材。可惜现在的野生人参已经很难找到，日常所见到的人参主要是人工栽培出来的。

野参形状

野山参是人参中的极品。它的主根上端有螺旋纹，中部和下部非常光滑；它的根须粗细均匀，十分柔软。野山参生长在没有受到污染的深山老林中，其药用价值比人工培育的高很多。

生长环境

人参与三七、西洋参等著名药用植物是近亲。野生人参对生长环境要求比较高，它怕热、怕旱、怕晒，要求土壤疏松、肥沃，空气湿润凉爽。每年七八月是人参开花的季节，紫白色的花朵结出鲜红色的浆果，十分惹人喜爱。

人参花

人参汤

你知道吗

人参渗出的汁液可被皮肤缓慢吸收，对皮肤没有任何不良刺激，反而能扩张皮肤毛细血管，促进血液循环，增加皮肤营养，调节皮肤的水油平衡，防止皮肤脱水、硬化、起皱。如果长期坚持使用含人参的产品，能增强皮肤弹性，使皮肤细胞获得新生，所以人参是护肤美容产品中的极品。

金银花

“金银花”这个名字出自《本草纲目》，由于它初开时为白色，后来转为黄色，白时如银，黄时似金，金银相映，绚烂多姿，所以被称为金银花。又因为金银花一蒂二花，两条花蕊探在外面，成双成对，形影不离，就像雄雌相伴的鸳鸯，所以又有“鸳鸯藤”之称。

植物名片

中文名：金银花
别称：忍冬、银藤、二宝藤、右转藤、鸳鸯藤
所属科目：忍冬科、忍冬属
分布区域：中国、朝鲜、日本等地

金银花自古以来就以它的药用价值闻名于世，被誉为清热解毒的良药。它气味芳香，甘寒清热而不伤胃，芳香透达又可祛邪。金银花既能宣散风热，又能清解血毒，广泛用于各种热性病，如身热、发疹、发斑、热毒疮痈、咽喉肿痛等症的治疗，效果非常显著。在我国，金银花作为一种中药药材，有着严格的等级划分，花蕾越完整，其等级就越高。

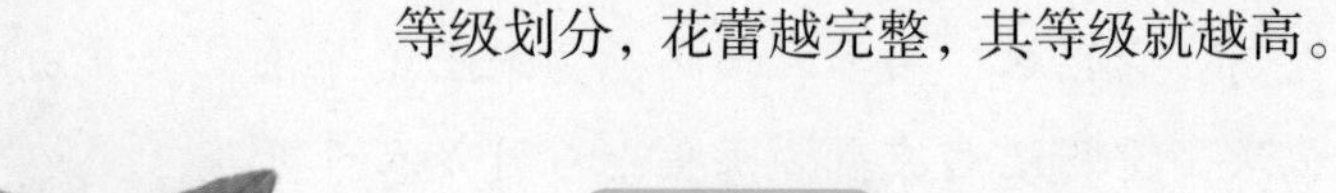

我国产地

金银花作为温带及亚热带树种，原产于我国，广泛分布在我国各省。目前，山东的产量最大，河南产的质量最好。

生长环境

金银花适应性很强，喜阳，耐寒，也耐干旱和水湿，对土壤要求不高，湿润、肥沃的深厚沙质土壤最适宜种植。它们一般生于山坡灌丛或疏林、乱石堆中，路旁及村庄篱笆边也能生长。

采收时间

金银花采收的最佳时间是清晨和上午，这个时间段花蕾不易开放，并且养分足、气味浓、颜色好。下午采收应在太阳落山以前结束，因为金银花的开放受光照制约，太阳落山后成熟的花蕾就要开放，影响质量。

你知道吗

在中草药家族中，金银花是很有名气的。据考证，约有三分之一的中药配方里都含有金银花成分，它为人们祛病健体贡献了自己的力量。

制成中药材的金银花

甘草

植物名片

中文名：甘草
别称：甜草根、红甘草、粉甘草、乌拉尔甘草
所属科目：豆科、甘草属
分布区域：亚洲、欧洲等地

甘草喜欢阳光充沛、日照长的干燥气候。它是一种补益中草药，其药用部位是根及地下根状茎。甘草的根呈圆柱形，外皮松紧不一，表面呈红棕色或灰棕色，有芽痕，断面的中部有髓。甘草的气味微甜，其中所含的甘草甜素是重要的解毒物质。甘草不仅是良药，还有“众药之王”的美称。

甘草药性温和，其功效主要表现在清热解毒、祛痰止咳、补脾和胃等方面。此外，甘草还可以用于调和某些药物的烈性，做缓和剂。现代常用甘草制剂来治疗胃及十二指肠溃疡。甘草

还有利尿的作用，常作为治疗热淋尿痛的辅助药。因此，甘草又被誉为中草药里的“国老”。

生长环境

甘草多生长在干旱、半干旱的沙土、沙漠边缘和黄土丘陵地带，在河滩地里也易于繁殖。它适应性强，抗逆性也强，具有喜光、耐旱、耐热、耐盐碱和耐寒的特性。在中国，甘草生长在西北、华北和东北等地。

用处广泛

甘草除了药用价值外，还可用作添加剂，使啤酒颜色加深，尤其是对于那些用麦芽酿造的啤酒。甘草还可作为甜味剂加在口香糖中，使口香糖咀嚼起来更加香甜。

制成中药材的甘草片

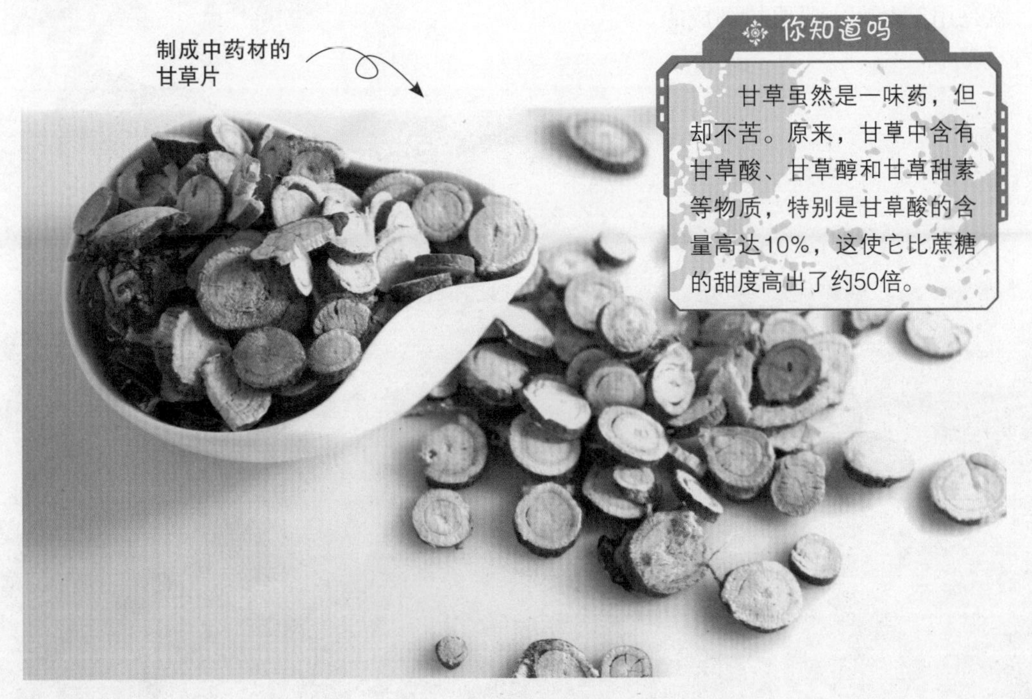

你知道吗

甘草虽然是一味药，但却不苦。原来，甘草中含有甘草酸、甘草醇和甘草甜素等物质，特别是甘草酸的含量高达10%，这使它比蔗糖的甜度高出了约50倍。

三七

三七，又叫田七，是我国特有的名贵中药材，也是我国最早的药食同源植物之一。三七在播种以后，要等待 3 ~ 7 年才能挖采，因为 3 年以下的三七是没有药效的，所以叫作三七。

植物名片

中文名： 三七
别称： 田七、山漆、血山草、参三七、六月淋
所属科目： 五加科、人参属
分布区域： 江西、湖北、广东、广西、四川、云南等地

三七的根部作为药用部分，性温，味辛，具有散瘀止血、消肿定痛的功效，主治咯血、吐血、便血、崩漏、外伤出血、跌仆肿痛等，具有“金不换”“南国神草”之美誉。因为经常在春冬两季采挖，所以三七又分为“春七”和“冬七”。由于三七为人参属植物，而且它的有效活性物质又高于和多于人参，所以又被现代中药药物学家称为“参中之王”。清朝药学著作《本草纲目拾遗》中记载：“人参补气第一，三七补血第一，味同而功亦等，故称人参三七，为中药中之最珍贵者。”扬名中外的中成药“云南白药”和“片仔癀”，就是用三七为主要原料制成的。

生长环境

三七生长在山坡丛林下，喜欢温暖而阴湿的环境，怕严寒和酷暑，也不喜欢多水的地方。三七含有糖，受潮易发霉、易遭虫蛀，但如果将它干燥后储存，保质期最长可达10年之久。

药膳价值

三七根须部分的功效与药用价值稍逊于主根块，但它是理想的药膳原料，人们常常用这一部分来煲汤。

药用功效

三七的功效作用很大，主要是因为它包含的黄酮类化合物具有改善心肌供血、增强血管壁弹性、扩张冠状动脉的功效，谷甾醇和胡萝卜甙能降血脂。经常食用三七，对冠心病、心绞痛有预防和治疗作用。

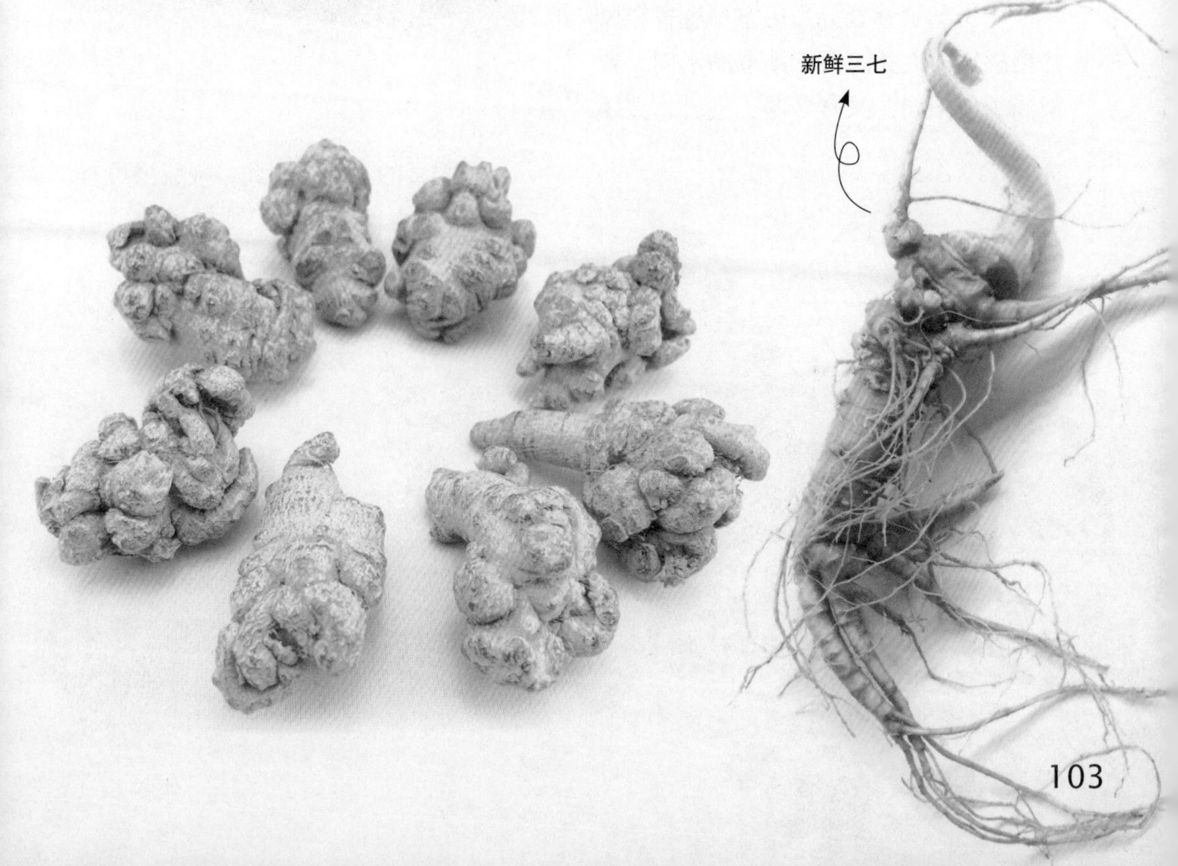

板蓝根

说起板蓝根，大家一定不会陌生，这是很多家庭的常备药品。板蓝根具有清热解毒、预防感冒、利咽的功效，在临床上抗病毒、抗菌作用明显，使用量之大，可以说是中成药之最。

植物名片

中文名：板蓝根
别称：靛青根、大青根、蓝靛根
所属科目：十字花科、菘蓝属
分布区域：河北、江苏、安徽等地

板蓝根是一种中药材，中国各地均产。板蓝根的退烧作用是通过杀灭人体内的病毒细菌等病原体，清除引起发烧的过氧自由基和热原等因素而实现的。人在低烧的情况下，服用板蓝根等中成药，不但能够有效退烧，同时，还能够促进身体的康复和增强免疫力、抵抗力。发烧初期服用板蓝根，配合对症处理，可大大提高治疗效果。

中医学把感冒分为风寒型感冒和风热型感冒两大类。由于季节的不同，致病因子的不同，又有夹湿、夹暑、夹燥等因素的不同，因此，板蓝根虽有抗病毒的作用，但如果患感冒后不分寒热、虚实和夹杂，一味用板蓝根治疗，是不科学的。

板蓝根的黄色花朵

种收时间

板蓝根的正常生长发育过程必须经过冬季低温阶段，方能开花结籽，所以利用这一特性，人们多采取春播或夏播，5 ~ 7

个月后收割其叶子和根。

中药作用

板蓝根在消灭“非典”病毒中立了大功，在“甲型 H1N1 流感”流行期间，板蓝根也是首选药物之一。中国 13 亿人中了解板蓝根功效者至少有 80% 以上，由此可见它是多么深得人心。

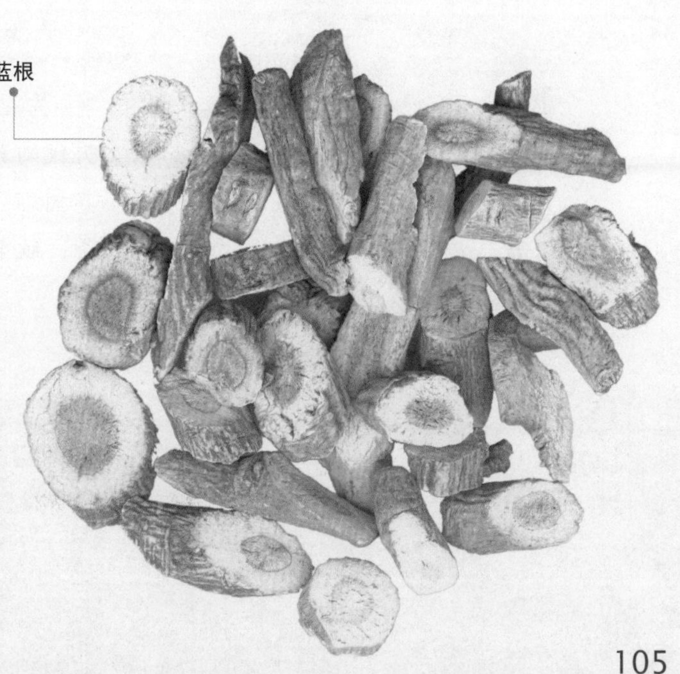

晒干后的板蓝根

你知道吗

少年儿童不能大剂量、长期服用板蓝根。板蓝根颗粒虽然毒副作用很小，但是用的时间长了，吃的数量多了，就会积“药”成疾，反而酿成后患。

枸杞

枸杞是人们对宁夏枸杞、中华枸杞等枸杞属下物种的统称。人们日常食用和药用的枸杞大多是宁夏枸杞的果实“枸杞子”。宁夏枸杞是唯一载入2010年版《中国药典》的枸杞品种。

枸杞是名贵的药材和滋补品，有降低血糖、抗脂肪肝的作用，还能够抗动脉粥样硬化。中医里很早就有“枸杞养生”的说法。《本草纲目》记载：“枸杞，补肾生精，养肝，明目安神，令人长寿。”枸杞全身都是宝，叶、花、果、根均可入药，“春采枸杞叶，名天精草；夏采花，名长生草；秋采子，名枸杞子；冬采根，名地骨皮”。宁夏枸杞在中国栽培面积最大，主要分布在中国西北地区，而其他地区常见的为中华枸杞及其变种。

植物名片

中文名：枸杞
别称：枸杞红实、甜菜子、西枸杞、狗奶子、血杞子
所属科目：茄科、枸杞属
分布区域：中国、朝鲜、日本、欧洲等地

名称由来

枸杞这个名称始见于《诗经》。明代的药物学家李时珍云：“枸杞，二树名。此物棘如枸之刺，茎如杞之条，故兼名之。”

枸杞林

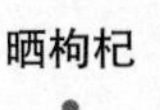

晒枸杞

生长条件

枸杞喜冷凉气候，耐寒力很强。由于其根系发达，抗旱能力强，在荒漠地也能生长。生产上要想获得高产，需要保证水分供给，特别是开花、结果时必须要有充足的水分。但长期积水的低洼地对枸杞生长不利，容易引起烂根或死亡。

观赏价值

宁夏枸杞树形婀娜，叶翠绿，花淡紫，果实鲜红，是很好的盆景观赏植物。现在已有部分枸杞用作观赏栽培，但由于它耐寒、耐旱、不耐涝，所以在江南多雨、多涝地区很难种植宁夏枸杞。

你知道吗

枸杞的嫩叶可作蔬菜，在广东、广西等地，吃枸杞芽菜已经非常流行。在菜市场买的枸杞芽菜，基本为中华枸杞，没有宁夏枸杞。

枸杞泡水

灵芝

说起灵芝，小朋友们一定会想到电视剧里那个长得像一把小伞一样，用来救命的仙草。没错，这就是灵芝。当然，灵芝并没有让人“起死回生”的作用，但它的药用价值却是自古就被人们所推崇的。

植物名片

中文名： 灵芝
别称： 赤芝、红芝、木灵芝、菌灵芝、万年蕈、灵芝草
所属科目： 多孔菌科、灵芝属
分布区域： 欧洲、美洲、非洲、亚洲东部等地

灵芝属于木生真菌，有紫芝、赤芝、青芝、黄芝、白芝、黑芝六个品种，性味甘平。和别的菌类一样，它们都生长在腐树或是树木的根部。灵芝的外形呈伞状，菌盖侧生，呈肾形或扇形，上面有同心的皱纹。灵芝是一种滋身强体的珍贵药材，其化学成分非常丰富，包括灵芝多糖、氨基酸、蛋白质及各种微量元素，具有补气安神、止咳平喘的功效，用于治疗眩晕不眠、心悸气短、虚劳咳喘等症状。

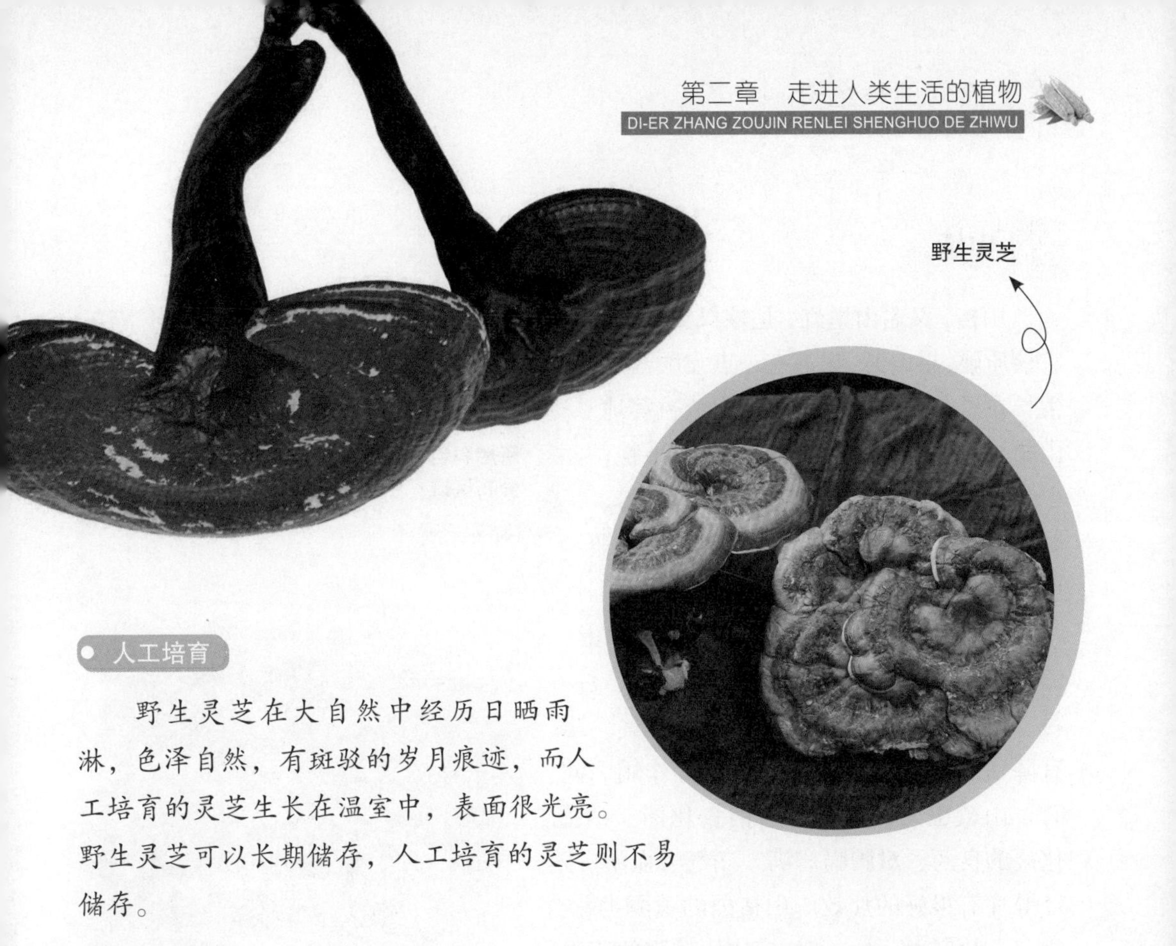

野生灵芝

人工培育

野生灵芝在大自然中经历日晒雨淋，色泽自然，有斑驳的岁月痕迹，而人工培育的灵芝生长在温室中，表面很光亮。野生灵芝可以长期储存，人工培育的灵芝则不易储存。

药用价值

随着灵芝的药用价值被人们广泛认识，现如今深山老林里的野生灵芝资源不断地减少。虽然一年生长的灵芝繁殖力不弱，但人们总是在它们还没有成熟时就采摘了，阻止了它的再生长，所以合理开发野生灵芝才能保持其产量。

你知道吗

民间传说中的“太岁”其实就是肉灵芝，它在自然界中极少被发现。肉灵芝是一种粘菌复合体，它的黏菌活性很强，放在水中不会腐烂，也不会变质。它的再生能力也很厉害，无论你怎么切割，它都能长出新的部分来。

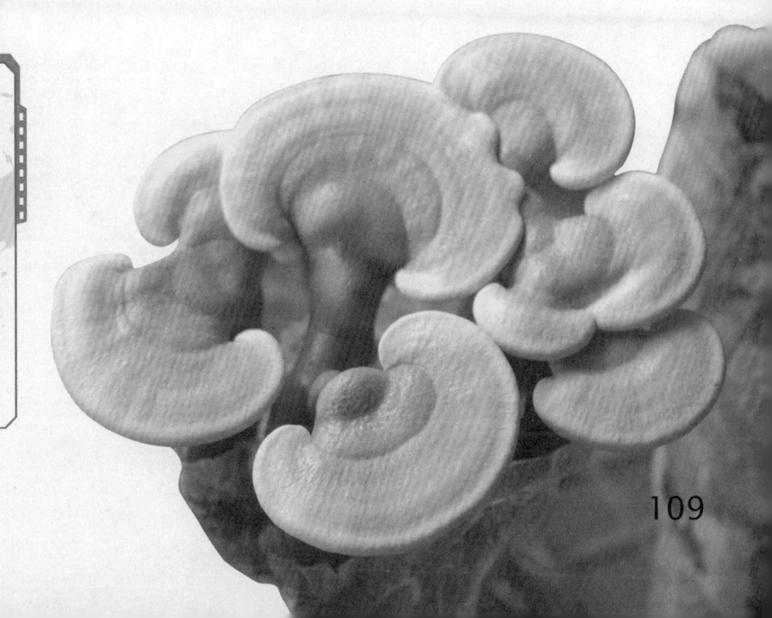

山楂

山楂，又名山里红，是核果类水果，它核质硬，果肉薄，味道有一点点酸涩感，生长在黑龙江、吉林、辽宁、内蒙古等地。山楂可以生吃或者制作成果酱、果糕；干制以后可以入药，有健胃、消积化滞、舒气散瘀的功效，是中国特有的药果兼用树种。

植物名片

中文名：山楂
别称：山里红、酸里红、红果、山林果
所属科目：蔷薇科、山楂属
分布区域：中国、朝鲜等地

现代研究表明，山楂含有糖类、蛋白质、脂肪、维生素C、胡萝卜素、淀粉、苹果酸、枸橼酸、钙和铁等物质，具有降血脂、强心、抗心律不齐等作用。同时，山楂也是健脾开胃、消食化滞、活血化痰的良药，对胸膈痞满、疝气、血淤、闭经等症有很好的疗效。山楂内的黄酮类化合物——牡荆素，是一种抗癌作用较强的药物，对癌细胞在人体内生长、增殖和浸润转移均有一定的抑制作用。

大果山楂花枝

生长环境

山楂树梢耐阴，耐贫瘠，在排水良好、湿润的微酸性砂质土壤上生长得最好。它树冠整齐，枝叶繁茂，容易栽培，病虫害也少，花果鲜美可爱，因此也是田旁、宅园绿化的良好观赏树种。

栽培历史

山楂原产于中国，朝鲜和俄罗斯等地也有分布。早在2000年前已有关于山楂的记载。山楂属植物广泛分布于亚、欧、美各洲。山楂栽培以中国为最盛。

你知道吗

山楂不宜与猪肝、黄瓜、南瓜、胡萝卜、海产品等同食，还与维生素K_3相克。处在换牙期的儿童以及孕妇不宜多食山楂，避免造成不利影响。

橘红

橘红，就是我们平常生活中所说的橘子皮，自古以来就有“南方人参”之称和“一片值一金”的说法。广东茂名化州市盛产的化州橘及其变种，由于吸收了当地土壤中的礞石矿物质与镁元素，因此其成熟果皮和一般的橘皮不同。

据现存史料推测，化州橘红原来是野生柚树，吸收了礞石矿物质后，又经历了漫长岁月，逐渐进化成今天的品种。橘红温燥性较强，并兼散寒功效，所以外感风寒、咳嗽痰多的人服用它比较好。由于化州橘红的气味芳香，药用功效神

植物名片

中文名： 橘红
别称： 芸皮、芸红、化州橘红
所属科目： 芸香科、柑橘属
分布区域： 广东、福建、四川、湖南等地

橘红花开

奇，为人们所推崇，随身携带和珍藏一两个，是防治疾病及健身延年之佳品。自明朝被朝廷列为御药后，橘红成为宫廷贡品，并被国内外医学家认可。

橘红来源

橘红来源于芸香科植物橘及其栽培的变种。橘子成熟时采摘，剥取果皮，去掉橘皮内部白色部分后，晒干称为橘红。

制药历史

橘子的果皮是一味传统中药，幼果经干燥后称为橘胎，花经干燥后称为橘花。小暑前采果，经漂浸、晾干、切片、火烘、压平等操作，即制成橘红。据考证，广东的化州橘红，始种于梁朝，至今已有1500年的历史。

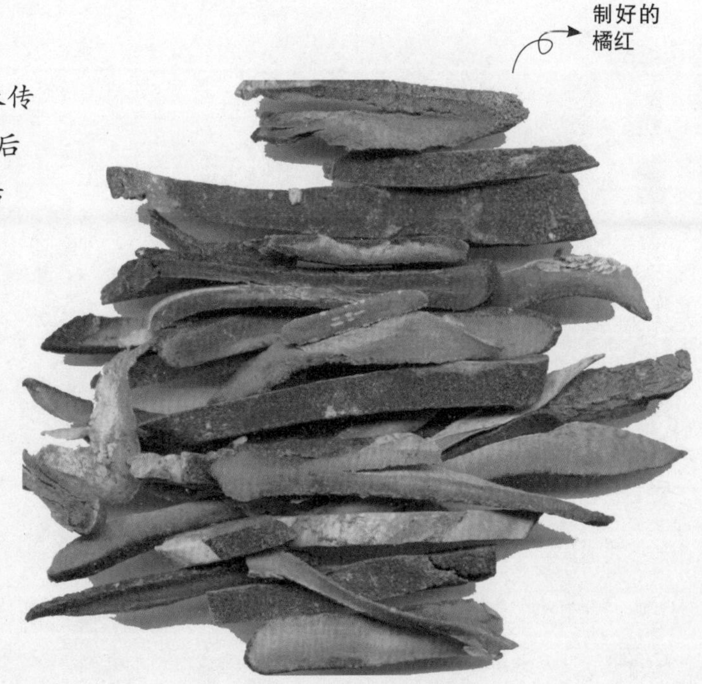

制好的橘红

我们也是天气预报员

“人不知春鸟知春，鸟不知春草知春。”人们发现，不仅许多动物有洞察天地的本领，而且一些植物也有这种“奇术”。在植物王国里，有些植物竟能像气象台那样预报天气状况，你相信吗？

报雨花

植物名片

中文名：报雨花
别称：无
所属科目：未知
分布区域：澳大利亚、新西兰

在新西兰吐尔特岛，有一种花叫作“报雨花”。报雨花，顾名思义，它能够预报雨天的到来。这种花对空气中的湿度特别敏感：当湿度增大到一定值的时候，报雨花的花瓣就会收缩，把花蕊紧紧地包裹起来；当湿度降低到一定值时，报雨花的花瓣又会慢慢舒展开来。我们都知道，空气中湿度的大小是判定晴雨天的一个重要指标。当空气中的湿度达到饱和时，天空就会下雨。只要明白了

报雨花花瓣的伸缩与湿度的关系，人们就可以预测天气了。

因为报雨花具备这种预报天气的特性，所以新西兰当地居民在出门之前，总是习惯看一下报雨花。如果报雨花的花瓣张开，就预示着不会下雨。如果花瓣收缩紧闭，就预示着将会下雨，可以提前做好准备。因此，当地居民亲切地称它为“植物气象员”。

形态特征

报雨花的形态非常像某个种类的菊花，花瓣呈长条形，有各种不同的颜色和花姿。二者所不同的是，报雨花的花朵比菊花要大2到3倍。

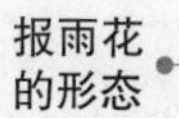

报雨花的形态

你知道吗

有报雨花，也有报雨树。在我国广西忻城县有一种青冈树，晴天时由于它叶片中所含叶绿素相对花青素来说占优势，所以呈现深绿色；要下雨时，由于天气闷热，会抑制叶绿素的合成，从而使花青素的合成加快并在叶片中占优势，因此树叶由绿变红，也就预示不久即将下雨。

风雨花

在我国的西双版纳，生长着一种奇妙的花。当暴风雨将要来临时，这种花便开放出大量的花朵，预示着天气的变化。人们根据它的这一特性，可以预先知道天气情况，因此大家叫它“风雨花”。风雨花原产于墨西哥和古巴，后来移植到热带、亚热带地区。它喜欢生长在肥沃、排水良好、略带黏性的土壤上，不喜欢寒冷的环境。风雨花的叶子是扁线形的，特别像韭菜，弯弯地悬垂着。

> **植物名片**
>
> **中文名：** 风雨花
> **别称：** 红玉帘、菖蒲莲、韭莲
> **所属科目：** 石蒜科、葱莲属
> **分布区域：** 原产于中美、南美洲，移植于热带、亚热带地区

风雨花为什么能够预报风雨的到来呢？原来，在暴风雨到来之

前，空气中的大气压降低，导致天气闷热，使植物的蒸腾作用增大，这样就使得风雨花贮藏养料的鳞茎产生出大量促进开花的激素，促使它开出更多花朵，形成一种明显的预示。

生长环境

风雨花喜欢温暖、湿润、阳光充足的环境，它在春夏季节开花，花朵粉红色或玫瑰色，花期在6～9月份。

观赏性强

虽然风雨花是以种子繁殖，但人们习惯将其鳞茎分株移植。风雨花叶丛碧绿，配以粉红色花朵，鲜艳夺目，美丽雅致，适合做花坛、花境和草地镶边，也可盆栽供室内观赏。在我国各地庭园内，作为观赏植物，均有栽种。

你知道吗

风雨花全草都可以入药，民间用来治疗疮毒、乳痛等病症。但是风雨花有毒性，如果误食它的鳞茎，会引起呕吐、腹泻、昏睡、四肢无力等症状。

雨蕉树

雨蕉树，据说是一种能够预报下雨的树。在北美洲的多米尼加，民间流传着这样一句话："要想知道下不下雨，先看雨蕉哭不哭"。因为雨蕉树能够预报天气的晴雨，所以多米尼加人都要在自家门前栽种上几棵，外出之前看一看，以便于掌握天气情况，提前做好准备。

植物名片

中文名： 雨蕉树
别称： 晴雨树
所属科目： 未知
分布区域： 北美洲等地

神奇的雨蕉树是怎样预报天气的呢？在下雨前，空气湿度较大，空气中的水蒸气接近饱和而又没有风吹动，雨蕉树的蒸腾作用受到抑制，导致水分很难散发出去，所以不得不从叶片上分泌出来，形成水滴不断地流下来，就好像树在哭泣一样。其实，这种通过叶片溢水的现象，是植物生理学中的"吐水"现象。人们看到以后，就认为雨蕉树在"哭泣"，而且每当雨蕉树"哭"完以后，天空都要下雨，所以人们便把雨蕉树"哭泣"的现象当作要下雨的征兆。

无独有偶

了解了植物生理学中的"吐水"现象，就不会对雨蕉树的本领感到奇怪了，其实柳树、榆树、桃树、洋槐、紫丁香和许多禾本科植物都有这个本领。

房前种植的雨蕉树

准确率

雨蕉树的预报到底准不准呢？通过观察，雨蕉树的预报准确率只有40%。可是，为什么多米尼加当地每家每户却还要种植它呢？一位长者对调查者说："这里一年四季经常下雨。你信雨蕉树，就可能少淋一些雨，你不信它，就有可能会多淋一些雨，所以我们大部分时间都在信它，因此，很少被雨淋。"

三色堇

三色堇，是一种一朵花上通常有三种颜色的美丽花卉，是欧洲常见的野花物种，常常在公园中栽培，是冰岛、波兰的国花。因为它的花朵通常同时呈现出紫、白、黄三色，所以叫作三色堇。

植物名片

中文名：三色堇
别称：蝴蝶花、人面花、猫脸花、阳蝶花、鬼脸花
所属科目：堇菜科、堇菜属
分布区域：中国、欧洲等地

三色堇也具备预告天气的特性。它的叶片对气温的变化反应极为灵敏，当温度在 20 摄氏度以上时，叶片就向斜上方伸出；如果温度降到 15 摄氏度左右时，叶片就慢慢向下运动，直到与地面平行为止；当温度降到 10 摄氏度左右时，叶片就向斜下方伸出。如果温度回升，叶片又恢复为原状，它就像一个植物温度计一样。因此，人们可以根据它的叶片伸展方向，来判断温度的高低。

红色三色堇

紫色三色堇

黄色三色堇

生长环境

三色堇比较耐寒，喜欢凉爽的地方，开花时受光照的影响较大，适合露天栽种，无论花坛、庭园、盆栽都可以，但不适合室内种植。

奇妙的配色像猫儿的脸

可爱模样

因为三色堇的三种颜色对称地分布在五个花瓣上，构成的图案就像小猫的两耳、两颊和一张嘴，所以它又叫作猫脸花。另外，当花朵在风的吹拂下，会如同翻飞的蝴蝶，所以它又有“蝴蝶花”之称。

色彩丰富

经自然杂交和人工选育，三色堇的色彩、品种变得繁多。除了一花三色以外，还有纯白、纯黄、纯紫、紫黑等颜色。另外，还有黄紫、白黑相配及紫、红、蓝、黄、白多彩的混合色等。从花形上看，有大花形、波浪形、重瓣形等。

白色三色堇

你知道吗

三色堇是护肤圣品。用它制作的护肤品可以杀菌，解决皮肤上青春痘、粉刺、过敏等问题。三国时期，《名医别录》中就已把三色堇列为重要护肤药材。中医圣典《本草纲目》更是详细记载了三色堇的神奇去痘功效：“三色堇，性表温和，其味芳香，引药上行于面，去疮除疤，疮疡消肿。”三色堇全草，都可以用作药物，功效很大。

地底下也能长蔬菜

我们知道，绿叶蔬菜是植物的叶子，坚果类食物是植物的种子，瓜果类蔬菜则是植物的果实，那么植物的根或茎能不能吃呢？答案是肯定的。有一些植物具有的肉质根或者块状茎，营养丰富，也可以作为美味的蔬菜为人们食用。

胡萝卜

胡萝卜，不仅是兔子等动物喜爱的食物，也是人类餐桌上最受欢迎的蔬菜之一。胡萝卜实际上是一种肉质的根，可以食用。胡萝卜肥嫩的肉质直根埋在地底下，吸收了土壤中的营养与水分，富含蔗糖、葡萄糖、淀粉、胡萝卜素以及钾、钙、磷等营养成分，在中国的南北方都有栽培，产量占根菜类的第二位。

植物名片

中文名： 胡萝卜
别称： 红萝卜、黄萝卜、番萝卜、丁香萝卜、黄根
所属科目： 伞形科、胡萝卜属
分布区域： 世界各地

胡萝卜颜色靓丽，脆嫩多汁，入口甘甜，还可以抗癌，被人们称为地下“小人参”。胡萝卜一般在夏秋播种，秋冬采收。采挖回来的胡萝卜，除去它的茎叶，可以洗净后直接食用，也可以风干之后食用。胡萝卜的品种很多，按照色泽可以分为红、黄、白、紫等，我国栽培最多的是红、黄两种。

红、黄、白、紫，各种颜色的胡萝卜

萝卜花吸引来了采蜜的小蜜蜂

各种类型

根据胡萝卜的肉质根形状，一般分为三个类型：短圆锥形，早熟，耐热，产量低，味甜，适合生吃；长圆柱形，晚熟，根细长，肩部粗大；长圆锥形，大都是中、晚熟品种，味甜，耐贮藏。

挑选方法

挑选胡萝卜时必须要选表皮光滑，形状整齐，无裂口和病虫伤害的，才会有质细味甜、脆嫩多汁的口感。

栽培历史

胡萝卜原产于亚洲西南部，阿富汗是紫色胡萝卜的最早培植地，栽培历史超过2000年。10世纪时，经伊朗传入欧洲大陆，演化发展成短圆锥形橘黄色的胡萝卜。约13世纪，经伊朗传入中国，在中国发展成长根型胡萝卜。16世纪，日本从中国引入了胡萝卜。

你知道吗

常吃胡萝卜能强身健体。胡萝卜富含胡萝卜素，比番茄高5至7倍，食用后经消化分解成维生素A，有防止夜盲症和呼吸道疾病、促进儿童生长等功能。胡萝卜还含有较多的钙、磷、铁等矿物质。每天吃两根胡萝卜，可降低血中胆固醇含量。每天吃三根胡萝卜，对预防心脏疾病和肿瘤有奇效。

胡萝卜汁好喝又营养哦

白萝卜

除了胡萝卜，白萝卜也是常见的根茎类蔬菜，在我国的种植历史已经超过千年，现在世界各地均有栽培，品种也有很多。粗壮的白萝卜在我国的饮食和中医食疗领域有广泛的应用。白萝卜色白，属金，入肺，具有下气、消食、润肺、生津、利尿、通便等许多功效。中国谚语中，一直有“冬吃萝卜，夏吃姜”的保健说法，《本草纲目》也将它称为“蔬中最有利者”。

植物名片

中文名： 白萝卜
别称： 莱菔
所属科目： 十字花科、萝卜属
分布区域： 世界各地

白萝卜是一种地下肉质根，生长在地里，形状有长圆形、球形或圆锥形等。白萝卜不仅含有维生素，而且含有大量的膳食纤维，尤其是白萝卜的叶子中含有的植物纤维更是十分丰富。这些植物纤维可以促进肠胃蠕动，消除便秘，起到排毒养颜的作用，从而改善皮肤粗糙的情况。

多种萝卜

在菜市场，我们见到的白萝卜的皮有很多种颜色，包括绿色、白色、粉红色、紫色等，于是它们的名字就各不相同，分别叫青萝卜、白萝卜、水萝卜和心里美。

有助消化

民间常说白萝卜消气，这里的“气”是指胃肠消化不良所产生的胀气。现代营养学研究证明，白萝卜含有丰富的淀粉酶，因此有助于消化和消除胃肠胀气。

水萝卜

心里美

青萝卜

你知道吗

白萝卜生食、熟食均可，还可以腌制成泡菜、酱菜等风味小菜，味道略带辛辣。由于白萝卜中含有芥子油、淀粉酶和粗纤维，所以能够促进消化，增强食欲，加快胃肠蠕动以及止咳化痰。

白萝卜可以生吃，也可以熟食

马铃薯

马铃薯，又叫土豆。由于它营养丰富，口感又好，所以受到了全世界人民的欢迎，各国菜肴中都能见到马铃薯的身影。马铃薯是中国人的五大主食之一，在中国的种植历史虽然只有300多年，可是它的人工栽培最早可以追溯到公元前8000年~前5000年的秘鲁南部地区。

植物名片

中文名： 马铃薯
别称： 土豆、洋芋、馍馍蛋、地蛋、地豆子
所属科目： 茄科、茄属
分布区域： 中国、印度等地

马铃薯是一种十分常见的根茎类蔬菜，喜欢低温环境。它的植株分为地上和地下两部分，地上部分有地上茎、羽状复叶、花蕾和果实；地下部分有地下茎、根、匍匐茎和块状茎，它们的形成和生长都需要在疏松透气、凉爽湿润的土壤环境中。马铃薯就是地下部分所长出来的块状茎。块状茎也具有地上茎的很多特性，是由匍匐茎的顶端膨大形成的。马铃薯由于营养价值高、适应力强、产量大，成了全球第三大重要粮食作物，仅次于小麦和玉米。马铃薯性平味甘，还可以入药，主治胃痛、痄肋、痈肿等疾病。

保存条件

马铃薯的保存周期不能太长，一定要在低温、干燥、密闭的环境下保存。发了芽的马铃薯因有轻微毒性，所以最好不要食用。

美丽的马铃薯花

发了芽的马铃薯有毒性，千万不能吃

栽培历史

据说，马铃薯是由华侨从东南亚一带引进中国栽培种植的。现在，中国马铃薯产量位居世界第一位。作为菜粮兼用的食品，马铃薯现已遍布世界各地，热带和亚热带国家甚至在冬季或凉爽季节也可以栽培并获得较高产量。

多种用途

马铃薯不仅营养价值丰富，而且用途广泛。它含有大量碳水化合物、蛋白质、多种氨基酸、矿物质、维生素等。它既可以当作主食，也可以作为蔬菜食用，或者作为辅助食品，如薯条、薯片等，还可以用来制作淀粉、粉丝等，也可以酿造酒或者喂养牲畜。

红薯

红薯花

红薯原名番薯，俗称地瓜，是一种生活中经常食用的农作物。由于红薯富含蛋白质、淀粉、果胶、纤维素、氨基酸、维生素以及多种矿物质，含糖量达到15% ~ 20%，具有抗癌、保护心脏、预防肺气肿和糖尿病、减肥等功效，故有“长寿食品”之美誉。

植物名片

中文名： 红薯
别称： 番薯、甘薯、山芋、地瓜、红苕
所属科目： 旋花科、番薯属
分布区域： 热带、亚热带地区

红薯是一种长在地底下的农作物。它的地上部分和地下部分的产量都很高。它的花冠呈粉红色、白色、淡紫色或紫色，茎叶繁茂，根系发达，生长迅速，蒸腾作用很强。红薯在生长中期，进入茎叶生长繁盛期和薯块膨大期，需水量较大。红薯埋在地下的部分大多数是圆形、椭圆形或者纺锤形的块根，块根的形状、皮色和肉色会因为品种或土壤的不同而发生改变。等到它们成熟，就可以从地下挖出来了。

营养价值

红薯的营养成分除了含有脂肪外，蛋白质、碳水化合物等含量都比大米、面粉要高。而且，红薯中蛋白质的组成比较合理，人体必需的氨基酸含量高，特别是粮谷类食品中比较缺乏的赖氨酸含量也较高，可以弥补大米、面粉中的营养缺失。因此，经常食用红薯，可以提高人体对主食营养的利用率。

紫红薯

储藏方法

中国南方储藏红薯习惯使用地窖。地窖周围的土质以黄土最好，深度大概是3～5米。在霜降来临之前，红薯就需要从地里挖出来。挖时尽量不损坏它的表皮，然后在地窖里将红薯摆放整齐，撒上一些保鲜剂，最后用草堆将地窖口盖上。

你知道吗

红薯富含丰富的膳食纤维，具有阻止糖分转化为脂肪的特殊功能，可以促进胃肠蠕动和防止便秘。人们常用红薯来治疗痔疮和肛裂等，而且它对预防直肠癌和结肠癌也有一定作用。

用红薯制作的红薯粉条

我们和人类一样

大自然的鬼斧神工，不仅造就了有着“万物之灵”美誉的人类，还养育出了有着人类特点的各类有趣植物。它们要么长得与人类相似，要么具备人类的行为特点，十分有意思。

人面子

植物名片

中文名：人面子
别称：人面树、银莲果
所属科目：漆树科、人面子属
分布区域：越南、中国等地

人面子，是一种常绿大乔木，它的树干高达20多米，生长在热带地区的森林中。人面子的果实是圆形的，直径2厘米左右，黄绿色的果实表面有五个软刺，成熟后会脱落。果实内部有扁的硬核，核的表面有五个大小不同的卵形凹点，整体看起来就像人类面部的器官，所以叫作“人面子”。

人面子从古至今就受到人们的喜爱和欢迎，我国广东城乡到处都有人工栽培。虽然人面子果实的外形与人面孔的相似性是想象出来的，但是人面子果实的各类用途却是实实在在的。人面子的鲜果可以生吃，味美可口。果实也可以入药，它性平，

人面子花
人面子花果

味甘酸，能用来醒酒，也可以治疗风毒痛痒等病症。果实里的种子不仅可以榨油，还可以制作肥皂，真是一物多用。所以，人面子因其较高的经济效益和生态效益而受到人们的喜欢。

生长环境

人面子喜欢阳光充足、高温湿润的环境，适合生长在肥沃的酸性土壤中，萌芽力强。人面子的适应能力也很强，耐寒，抗风，还能抗大气污染。

绿化能手

人面子可以作为行道树、庭荫树栽培。它的树冠宽广浓绿，十分美观，是村旁、宅旁、路旁、水旁和庭园绿化的优良树种。

你知道吗

人面子的果肉可以直接食用，或者用盐腌渍当作菜，或者制作成其他食品，还可以加工成蜜饯和果酱。人面子树木的木材致密而有光泽，耐腐力很强，是建筑和做家具的好材料。

笑树

在非洲东部卢旺达的首都基加利，有一个叫作芝密达兰哈德的植物园。这个植物园里种植着一种会发出“哈哈”笑声的奇怪的树。要是你第一次到这个植物园，听到“哈哈”的笑声，但是左看右看，前看后看，都找不到发出笑声的人，一定会迷惑不解。

植物名片

中文名：笑树
别称：无
所属科目：未知
分布区域：非洲

实际上，这种笑声是一种树发出来的。基加利人把这种树叫作“笑树”。笑树是一种小乔木，大约能长到 7、8 米高，树干是深褐色的，叶子是椭圆形的，每个枝丫中间长着一个小果子，就像一个小铃铛。这种小果子里面长着许多小滚珠似的皮蕊，

它们在小果子里滚来滚去。果子的壳上长着许多斑点一样的小孔，每当微风吹来，这些皮蕊在果子里面滚动撞击，“哈哈”的声响就从小孔里发出，听起来像极了人的笑声。

会笑的稻草人

因为笑树有这种能发出人类笑声的“特异功能”，人们常常把笑树种植在田间，当成会笑的稻草人。每当鸟儿飞来的时候，听到阵阵笑声，还以为有人在这里，就不敢降落，从而保护了农作物不受鸟类的伤害。

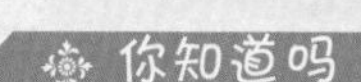

无独有偶，在一些国家生长着另一种可以发出人类声音的树。这种有趣的树，白天能“笑”，晚上会“哭”，能发出不同的声响。植物学家经过研究后，认为这一奇妙的现象与阳光的照射有着密切的关系。

红树

我们都是从妈妈肚子里出来的，家里养的小猫、小狗也是从它们妈妈肚子里出来的。那植物也有从妈妈肚子里出来的吗？答案是肯定的。

植物名片

中文名：红树
别称：鸡笼答、五足驴
所属科目：红树科、红树属
分布区域：中国、东南亚、澳大利亚热带海岸等地

红树一般生长在热带、亚热带海岸中那些泥土松软、有淤积的潮间带。和其他植物一样，它们也开花、传粉、受精并长成种子。所不同的是，其他植物的种子成熟以后，会马上脱离母体，在适宜的温度、水分和空气条件下，在土壤里萌发成小小的植株。而红树的种子成熟后，哪儿都不去，就直接在果实里发芽。直到它从母株里吸收了足够的养料，长成胎苗，才被母株“生”出来。被“生”出来的胎苗，利用重力作用扎进海滩的淤泥里，

长在海边的红树林

只需要几个小时，它们就能长出新根，挺立在淤泥上，成为独立的小红树了。由于红树这种特殊的繁殖方式，好像哺乳动物怀胎生小孩一样，所以人们才称它为“会生小孩的树”。

聪明的种子

红树每年在春、秋两季开花。一棵红树的花凋谢后，能结出300多个果实。果实呈倒梨形，略显粗糙，每个果实里都有一粒种子。想想看，如果这些种子和别的植物一样，成熟后就脱离母株，它们会很容易就被海水冲走的，它们真是太聪明了。

海中森林

红树生长在海边，成为一个群落，长成红树林。涨潮时，红树几乎被海水整个淹没，或者只露出绿色的树冠，远远看去像是一把把巨大的绿伞；退潮后，红树露出本来面貌，成为一片茂密的森林。因此，人们又叫红树林为“海水中的森林”。

你知道吗

红树是天然的海水淡化器。海水中的盐分很高，一般的植物是无法吸收海水的，但是红树却能在海水中自由呼吸，顽强生长。这是因为红树的叶片表面有一层蜡质能反射海上的强光，背面有又短又密的茸毛来阻止海水侵入。叶片内还含有一种叫作“单宁酸”的物质，它能将过多的盐分排出去。于是，红树就能轻松地为自己提供生长所需的淡水了。

我们是绿化环保卫士

植物生长在地球表面的各个角落，它和生物界的关系十分密切。人类的衣、食、住、行以及药物和工业原料，绝大部分来源于植物。植物还在环境保护中起着十分重要的作用，防尘、固沙、吸毒、抗烟等本领十分强大，在自然界的生态平衡中占有主要的地位。

夹竹桃

植物名片

中文名：夹竹桃
别称：柳叶桃、半年红、甲子桃
所属科目：夹竹桃科、夹竹桃属
分布区域：中国、伊朗、印度、尼泊尔等地

美丽的夹竹桃原产于印度、伊朗和阿富汗，在我国也有悠久的栽培历史，现已遍及南北各地。夹竹桃喜欢充足的光照、温暖和湿润的气候条件。夹竹桃是一种常绿灌木或小乔木，也是具有观赏价值的中药材。它的叶片和柳叶、竹叶类似，开出的花朵形似桃花。夹竹桃的花冠呈粉红、深红或者白色，有特殊的香气，是著名的观赏花卉。

夹竹桃的叶片虽然对人体有毒，但是对空气中二氧化硫、二氧化碳、氟化氢、氯气等有害气体有较强的抵抗力。夹竹桃的环保价值很高，它能够抗烟雾、抗灰尘、抗毒物，起到净化空气、保护环境的作用。据测定，盆栽的夹竹桃在距离污染源 40 米处，仅受到轻度损害；170 米处则基本无害，仍能正常开花。夹

开白色花的夹竹桃

未开放的夹竹桃花苞

夹竹桃的树皮和叶子都有毒

竹桃即使全身落满了灰尘，仍然能够茁壮成长，这一能力被人们称为“环保卫士”。

美丽姿态

夹竹桃因为茎部像竹，花朵像桃，因而得名。它的叶子长得很有意思，三片叶子组成一个小组，环绕枝条，从同一个地方向外生长。叶子的边缘很光滑，上面有一层薄薄的腊，能保水、保温，使它能够抵御严寒。所以，夹竹桃不怕寒冷，在冬季照样绿姿不改。

种植要求

夹竹桃的适应性强，栽培管理比较容易，无论地栽或盆栽都能够存活。地栽时，移栽需在春天进行，并要进行重剪。它适合生长在排水良好、肥沃的中性土壤中，也能适应微酸性、微碱性土壤。

你知道吗

夹竹桃全株有剧毒。它的叶子、树皮、树根都有毒性，花朵毒性较弱。新鲜夹竹桃树皮的毒性比叶子还强。夹竹桃分泌出的乳白色汁液含有一种叫夹竹桃苷的有毒物质，人畜误食会中毒。所以，面对夹竹桃，只要欣赏就好，千万不要动手触碰哦！

爬山虎

植物名片

中文名： 爬山虎
别称： 爬墙虎、地锦、飞天蜈蚣、红葡萄藤、红丝草
所属科目： 葡萄科、爬山虎属
分布区域： 亚洲东部、喜马拉雅山区、北美洲、日本等地

还记得课本里《爬山虎的脚》这篇文章吗？爬山虎也叫爬墙虎，它的形态与野葡萄藤很相似，是垂直绿化的优选植物。它的表皮有皮孔，夏天的时候枝叶非常茂密，常常攀缘在墙壁或岩石上。

由于爬山虎的茎叶密集，覆盖在房屋墙面上不仅可以遮挡强烈的阳光，而且由于叶片与墙面之间的空气流动，还可以降低室内温度。它作为一道天然的屏障，既能吸收环境中的噪声，又能吸附飞扬的尘土。它的卷须式吸盘还能吸去墙上的水分，使潮湿的房屋变得干燥；而干燥的季节，又可以增加湿度。所以，我们常常在宅院墙壁、庭园入口处、桥头石堍这些地方看到它们的身影。由于爬山虎对二氧化硫和氯化氢等有害气体有较强的抵抗性，对空气中的灰尘有吸附能力，所以它是空气污染严重的工矿区

爬山虎的幼苗

的必种植物。可以说，爬山虎是藤本类绿化植物中使用率最高的植物之一。

入药价值

爬山虎的根、茎可以入药，具有散瘀血、活筋止血、消肿毒的功效。采茎，一定要在落叶之前，切段后晒干，根全年可采。它的果实还可以酿酒。

生长环境

爬山虎的适应能力强，虽然喜欢阴湿的环境，但也不怕强光，耐寒，耐旱，耐贫瘠。爬山虎耐修剪，怕积水，对土壤要求不严，但在阴湿、肥沃的土壤中会生长得更好。

你知道吗

爬山虎是一种生命力十分顽强的植物。据有关资料记载，爬山虎种植在城市立交桥的角落里，尽管少见阳光，常年得不到人工养护，仍然能顽强生长，其生命力令人惊叹。

绿萝

绿萝是比较常见的绿色植物，它缠绕性强，气根发达，长枝悬垂，摇曳生姿，能够让空间顿时变得生机盎然。因为绿萝具有这种美化空间的特性，所以既可以让它攀附于用棕扎成的圆柱上，摆于门厅、宾馆，也可以培养成悬垂状置于书房、窗台，是一种较适合摆放在室内的花卉。

植物名片

中文名：绿萝
别称：魔鬼藤、石柑子、竹叶禾子、黄金葛、黄金藤
所属科目：天南星科、麒麟叶属
分布区域：澳大利亚、马来西亚、中国、印度等地

绿萝有着“绿色净化器”的美名。人们喜欢在室内摆放绿萝，因为它净化空气的能力不亚于常春藤和吊兰。绿萝既可以在新陈代谢中将甲醛转化成糖或氨基酸等物质，也可以分解由复印机、打印机排放出的苯，还可以吸收三氯乙烯。据环保学家介绍，刚装修好的新居除了需要多通风，再摆放几盆绿萝，使用一些玛雅蓝，基本上就可以达到入住标准了，可见绿萝的空气净化能力之强，因此它非常适合摆放在新装修好的房间或办公室中。

生长环境

绿萝是一种大型常绿藤本植物，常常攀缘生长在岩石或树干上，最高可以长到20米，室内种植高度也能达到2米，在一般环境下均能生长。绿萝喜欢温暖、潮湿的环境，要求土壤疏松、肥沃、排水良好。

生命力强

绿萝的生命力很强。它是阴性植物，忌阳光直射，喜欢散射光。阳光过强会灼伤绿萝的叶片，阳光太少则会使叶面上美丽的斑纹消失。通常每天接受4小时散射光的绿萝生长发育最好。

你知道吗

绿萝也有毒，但是只要不食用绿萝的汁液，是不会中毒的。绿萝的汁液虽然有毒，但也是低毒。即使碰到绿萝的汁液而不直接食用的话，对人体也不会产生影响，所以不必“谈毒色变”。

臭椿

臭椿原名樗，我们常能在街道两旁看到它高大的身影。因为叶的基部的腺点能散发出一种臭味，所以人们叫它臭椿。它原产于中国东北部、中部和台湾，生长在气候温和的地带。

植物名片

中文名：臭椿
别称：椿树、木砻树、臭椿皮、大果臭椿
所属科目：苦木科、臭椿属
分布区域：中国、朝鲜、日本、美国等地

臭椿能耐干旱和盐碱，是一种环保植物。它对烟尘、二氧化硫等有毒气体的抵抗性较强，可以作为城市、工矿区和农村的绿化树种。臭椿是深根性树种，根系发达，不仅容易繁殖，而且病虫害少，落叶量多，具有改良土壤的作用，因此在中国黄土高原和华北石质山地的造林中成了先锋树种。在印度、法国、德国、意大利、美国等国，臭椿常常作为行道树使用，

被称为“天堂树”。

观赏植物

臭椿的树干通直高大，树皮呈灰色或者灰黑色，叶片大，树荫浓，树冠圆，呈现半球状，秋天的时候红果满树，所以它还是一种很好的观赏树和庭荫树。

生长环境

臭椿喜欢阳光，不耐阴，土壤适应性强，除了黏土以外，臭椿能在各种土壤中生长，但最喜欢深厚、肥沃、湿润的砂质土壤。它耐寒，耐旱，但不耐水湿，长期积水会烂根死亡。

臭椿树果

生长速度

臭椿是一种用材林木，生长速度很快，可以在 25 年内达到 15 米的高度。然而臭椿的寿命短，极少有生存超过 50 年的。

臭椿树花

你知道吗

臭椿是一种十分经济的树木，它的树皮、根皮、果实都可以入药，具有清热燥湿、止泻止血的功效。臭椿树木的材质坚韧、纹理直，具有光泽，容易加工，是建筑和家具制作的优良用材。由于臭椿的木材纤维长，也是造纸的优质原料。臭椿的叶子还可以饲养樗蚕，樗蚕丝可以织椿绸。

臭椿叶子

红麻

红麻，原产于西非，所以又称为洋麻，是一种草本韧皮纤维植物。红麻的纤维是银白色的，富有光泽，吸湿散水快，人们常用它来编织麻袋、麻布、麻地毯等。

红麻的花蕾

红麻保护自然环境的本领很大，它能够分解二氧化碳，如果空气中含有的二氧化碳越多，它的生长速度就越快。红麻的生长速度快，在温度适宜的地方，半年就能长到5米左右。因为红麻的这个特性，所以用它来做造纸的原料，就能够减少对别的树木的砍伐量，由此减少了对自然环境的破坏。现代家庭里无论是室内装饰，还是屋顶绿化，都可以使用红麻产品。用红麻墙布，除了给

植物名片

中文名：红麻
别称：洋麻、槿麻、钟麻、芙蓉麻
鹊不踏、刺老鸦
所属科目：锦葵科、木槿属
分布区域：中国、泰国、印度、非洲等地

人一种天然质朴的感觉，它还具有呼吸作用，可以调节湿度，吸收不良气体，利于人们的健康。在屋顶绿化时，如果使用红麻织物，可以使保温、保暖的复杂工程变得更容易进行。

生长环境

红麻是一种短日照喜温作物，适合生长在土层深厚的沙壤土中。红麻在幼苗期怕涝，成株后抗涝力增强，是涝洼地区的稳产作物。合理密植红麻，可以增加初生纤维的比重，提高红麻织品的品质。

保护环境

在水土保持、道路绿化、景观美化等方面使用以红麻纤维制造的三维土工布、针刺草皮等产品，能够起到较好的效果。因为织成蜂窝状的麻类产品吸附性能强，不但可以蓄留水分，而且可以保持土壤不被风雨侵蚀。

用途广泛

我国是红麻的种植大国。除了有制成麻袋、麻绳、麻布等红麻织品的传统用途，还可根据红麻材料的特性，积极开发其在制造土工布和复合材料方面的用途，利国利民，大有可为。

红麻的叶子

倒地的红麻杆

红麻的花

超级杂交红麻林

用红麻制成的麻绳，结实耐用

小球藻

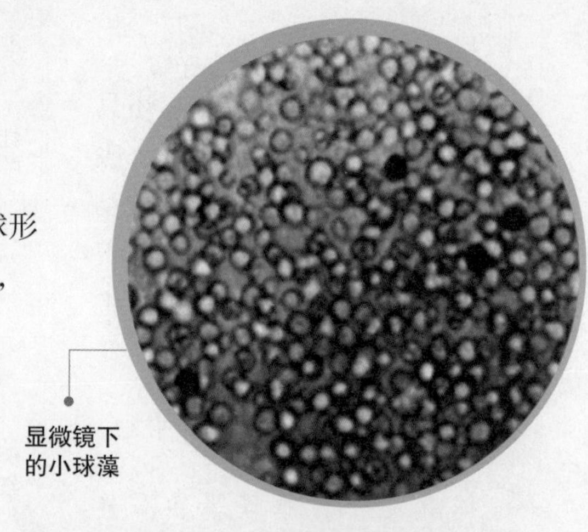
显微镜下的小球藻

名字很可爱的小球藻，其实是一种球形淡水单细胞绿藻。它的直径只有3—8微米，由于小球藻的细胞内含有丰富的叶绿素，所以它是一种高效的光合植物，能够依靠光合作用进行生长繁殖，分布地区极为广泛。

植物名片

中文名：小球藻
别称：无
所属科目：小球藻科、小球藻属
分布区域：世界各地

小球藻的光合作用非常强。它生长在淡水中，借助阳光、水和二氧化碳，以每隔20小时分裂出4个细胞的速度繁殖，不停地将太阳能转化生成蕴含多种营养成分的藻体，并在这个过程中释放出大量的氧气，不愧是环保小能手。小球藻的光合作用能力高于其他植物10倍以上，由于它这种生命活力以及产生的高能营养物质，人们赞美它为“罐装的太阳”。

小球藻生长在淡水中

小球藻个子小，本领大，它吸收氮、磷的能力也很强。它要是待在含氮较多的污水里，繁殖能力会变得更厉害，在繁殖的同时把氮、磷也吸收了。用不了多久，这些污水就能被再次利用，小球藻治理污水的本事很厉害吧。

生长环境

小球藻富含小球藻生长因子，这种因子可作为食品风味改良剂，广泛应用于食品及发酵领域。小球藻是世界上被最早开发的藻类蛋白，它不仅蛋白质含量高，氨基酸组成合理，还含有许多丰富的生物活性物质。

你知道吗

小球藻是世界上公认的健康食品，对人体的保健作用比螺旋藻要高出好几倍。它对心、肝、肾、肺、肠胃、皮肤等器官可能产生的疾病都有很好的抵抗效果。小球藻抗病毒的能力也极为强悍，具有很强的吸毒和排毒能力。

生存力强

小球藻是五亿四千万年前就已经在地球上繁衍的生物。不管是生态环境的巨变，还是自然灾害的侵袭，都没能毁灭它。一直到 100 多年前人类发明了显微镜以后，生物学家拜尔尼克博士才发现了小球藻这种神奇的生物。

小球藻片

3 第三章 感受植物的魅力

世界上的植物千奇百怪，它们有的不怕冷，有的不怕热，有的不怕旱，有的不怕水，有的会动，有的爱吃肉，有的还是人类的好朋友……植物的神奇真是说不尽，它们独特的习性、奇怪的本领让人探求之心顿起。

别以为植物不会动

我们在生活中遇到的植物大都是不会动的。但这并不代表所有的植物都不会动，有一些神奇的植物，它们要么会翩翩起舞，要么会因怕痒而抖动，要么像个害羞的孩子爱低头，快来看看吧！

舞草

植物名片

中文名： 舞草
别称： 跳舞草、情人草、无风自动草、多情草
所属科目： 豆科、舞草属
分布区域： 中国、印度、尼泊尔、不丹、斯里兰卡等地

你知道吗？神秘的舞草是大自然中唯一能够对声音产生反应的植物。在气温适当时，当舞草受到一定频率和强度的声波振荡，它的小叶柄基部的海绵体组织就会产生反应，带动小叶翩翩起舞。每当受到太阳照射、温度上升的时候，舞草体内的水分就会加速蒸发，海绵体就会膨胀，小叶便会左右摆动起来。所以舞草起舞的原因主要与温度和一定节奏、强度的声波有关。

当舞草跳舞的时候，两枚侧小叶便会按照椭圆形轨道绕着中间大叶“自行起舞”，在短短 30 秒内，每片小叶就能完成椭圆形的运动 1 次。小叶有时上下摆动；有时做 360 度的大回环运动；有时还会同时向上合拢，然后又慢慢地平展开来，就好像一只蝴蝶在轻舞飞扬；有时一片小叶向上，另一片朝下，就像艺术体操中的优美舞姿；有时许多小叶同时起舞，此起彼伏，带给人们一种十分新奇和神秘的感觉。

睡觉姿态

即便在午夜“睡眠”的状态中，舞草的小叶也会徐徐转动，只是速度比白天慢。当舞草进入“睡眠”状态时，你会发现它的叶柄向上贴向枝条，顶部小叶下垂，还保持着一定的紧张状态。舞草为什么要进行这种“紧张性睡眠”呢？

因为植物在白天进行光合作用时，叶片要采取与地心引力不相垂直的展开姿势，而晚上一致保持下垂姿势，就能减少能量的消耗。

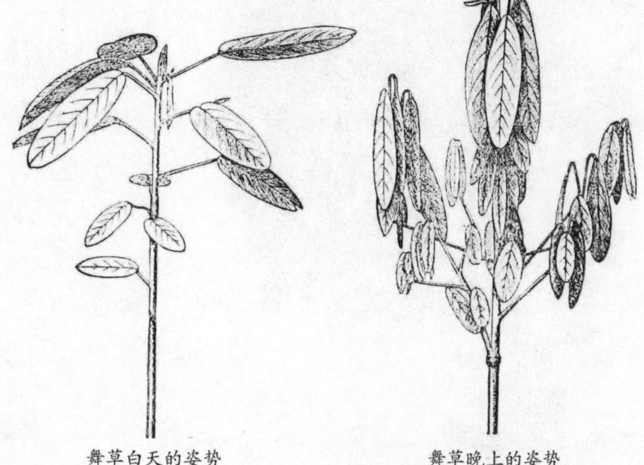

舞草白天的姿势　　舞草晚上的姿势

生长条件

舞草喜欢湿润的环境，对低温特别敏感，只有在白天温度达到20℃以上，夜间温度不低于10℃的情况下，花枝才能生长开花。

生长环境

舞草一般生长在丘陵旷野和灌木林中，或者在海拔2000米左右的山地上，是一种濒临绝迹的珍稀植物。

你知道吗

舞草具有药用保健价值，全株均可入药。据《本草纲目》记载，该草具有去瘀生新、舒筋活络之功效，其叶可治骨折；枝茎泡酒服用，能强壮筋骨，治疗风湿骨疼；鲜叶片泡水洗面，可使皮肤光滑白嫩。

紫薇树

紫薇树是中国珍贵的环境保护植物，是一种很有趣的花树。“紫薇花开百日红，轻抚枝干全树动”，因此人们又称之为百日红、痒痒树。紫薇树的树干古朴光洁，如果人们轻轻地触碰，它会立即枝摇叶动，浑身颤抖，甚至会发出微弱的“咯咯”声，这就是它“怕痒”的一种反应，确有“风轻徐弄影”的韵味，令人称奇。“痒痒树”为什么会“怕痒”呢？这主要是因为紫薇树的木质比较坚硬，而且枝干的根部与梢部差不多粗细，上部要比一般的树干重，这就决定了只要轻触它的树干，由摩擦引起的振动就很容易通过坚硬的木质迅速传导到树干的更多

植物名片

中文名：紫薇树
别称：百日红、痒痒树
所属科目：千屈菜科、紫薇属
分布区域：东南亚、大洋洲、中国等地

部位，于是，紫薇树就变成了“痒痒树”。

没有树皮

北方人叫紫薇树为“猴刺脱”，是说树身太滑，连猴子都爬不上去。它的独特之处就在于无树皮。年轻的紫薇树树干，年年生表皮，年年自行脱落，表皮脱落以后，树干就显得新鲜而光亮。老年的紫薇树，树身不再生表皮，但仍筋骨挺直，清莹光洁。

花枝优美

紫薇树树姿优美，枝干屈曲光滑，于夏秋季节开花，为园林中夏秋季节重要的观赏树种。紫薇树的花朵繁茂，花色艳丽，有白、紫、红等不同颜色。

生长环境

紫薇树对环境的适应能力较强，耐干旱和寒冷，对土壤要求不高，怕涝，喜光，生长和开花都需要充足的阳光，在温暖湿润的气候条件下生长旺盛。

你知道吗

紫薇树具有较强的抗污染能力，能抗二氧化硫、氟化氢、氯气等有毒气体，是工矿区、住宅区美化环境的理想花卉。李时珍在《本草纲目》中记载，紫薇树的皮、木、花、种子、叶都可入药。紫薇树的根、叶、皮入药，有清热解毒、活血止血之功效。

含羞草

植物名片

中文名：含羞草
别称：感应草、知羞草、怕丑草
所属科目：豆科、含羞草属
分布区域：中国、巴西等地

植物与动物不同，没有神经系统，没有肌肉，不会感知外界的刺激。而含羞草却与一般植物不同，它在受到外界事物的触动时，真的会像个害羞的孩子似的低下头。

含羞草通常都张开着，只有遇到触碰时才会立即合拢起来，而且触动的力量越大，合拢得越快，所有叶子都会垂下，一副有气无力的样子，整个动作几秒钟之内就完成了。原来，含羞草的叶子和叶柄具有特殊的结构。在叶柄基部和复叶的小叶基部，都有一个比较膨大的部分，叫作叶枕。叶枕对刺激的反应最为敏感。一旦碰到叶子，刺激就会立即传到小叶的叶枕，引起两片小叶片闭合；触动力大一些的，不仅传到小叶的叶枕，而且会很快传到叶柄基部的叶枕，整个叶柄就下垂了。

本领的养成

含羞草的这种特殊的闭合本领，是有一定历史根源的。它的老家在南美洲的巴西，那里常有大风大雨，当第一滴雨打到叶子时，它的叶片就会立即闭合，叶柄下垂，以躲避狂风暴雨对它的伤害。这是它对外界环境变化的一种适应。另外，含羞草的叶子闭合也是一种自卫方式，动物稍一碰它，它就合拢叶子，动物也就不敢吃它了。

观赏价值

含羞草的花为白色、粉红色，形状似绒球。开花后会结出扁圆形的荚果。含羞草的花、叶和荚果都具有较好的观赏效果，它又比较容易成活，因此很适宜做阳台、室内的盆栽花卉，在庭院等处也能种植。

品种分类

由于含羞草适应环境的能力极强，所以品种基本上没有什么区别，一般从外观上分为有刺含羞草和无刺含羞草。

你知道吗

含羞草是一种能预兆天气晴雨变化的奇妙植物。如果用手触摸一下，它的叶子很快闭合起来，而张开时很缓慢，这说明天气将会转晴；如果触摸含羞草时，其叶子收缩得慢，下垂迟缓，甚至稍一闭合又重新张开，这说明天气将由晴转阴或者快要下雨了。

风滚草

俗话说“树挪死，人挪活”。人们总以为植物有根，这是天经地义的事情。但如果受到环境的逼迫，就连植物也会想出超乎寻常的办法来应对危险。风滚草就是这样，为了适应恶劣的环境，它改变了作为植物本该直立向上生长的本性，而选择抱成一团，随风漂泊。

植物名片

中文名：风滚草
别称：滚草
所属科目：风滚草科
分布区域：美国、中国、俄罗斯、蒙古等地

风滚草是聪明的、独特的。在气候干旱或其他条件恶劣的地区，或在极度缺水的情形下，它的根部就会枯萎干缩，从而脱离土壤，整棵植物蜷缩成一团，随风翻滚，四处流浪，直到遇见湿润适宜的土壤，再舒展开茎叶，重新落地生根，直至当地的

条件变得恶劣，逼迫它不得不再次“搬家”。另外，科学家发现，风滚草最脆弱的地方是茎部，因为它随时准备折断自己的茎，以脱离根部，踏上旅程。

生命力强

大多数人称风滚草为“流浪汉”，它是戈壁中一种常见的植物。当干旱来临的时候，它会从土里将根收起来，团成一团，在茫茫戈壁上随风滚动。这是一种生命力极强的植物，总有一天它们会找到适合自己生长的环境，然后冒出新芽，发出新枝，开出淡淡的紫花。

向往自由

有人做过这样一个实验，将风滚草的根部套上透明塑料管以防止风滚草脱落。出人意料的是，风滚草的根在被套上透明塑料管后，竟然开始生长，一直长到风滚草可以脱落的高度。

你知道吗

风滚草干枯的植物体很轻，即使在大雪纷飞的时候，也能照样在雪地上滚来滚去。只有在遇到障碍物的时候，它们才会停下来“休息”。

像鱼一样爱着水

自然界中的植物，除了生长在陆地上的，还有相当一部分喜欢生活在水里，这类植物统称为水生植物。水生植物像是出色的游泳运动员或潜水者，能使出十八般武艺，以保证光合作用的顺利进行。

荷花

植物名片

中文名：荷花
别称：莲花、水芙蓉、藕花、芙蕖、水芝、中国莲
所属科目：莲科、莲属
分布区域：中国、印度、泰国、越南等地

荷花是在水中生活的高手，它的种子、叶子、根、茎都能在水中自由地呼吸。

荷花的种子，即莲子，外面包着一层致密而坚硬的种皮，就像穿着一件防水外衣，将莲子与外界的水完全分隔开。荷花的叶子也不怕水，盾状圆形的叶子上有14—21条辐射状叶脉，在放大镜下可见叶面上布满粗糙、短小的钝刺，刺间有一层蜡质白粉，能使雨水凝成滚动的水珠。莲藕是荷花横生于淤泥中的肥大地下茎，它的横断面有许多大小不一的孔道，这是荷花为适应水中生活形成的气腔。氧气通过气腔进入叶片，并通过叶柄上四通八达的通气组织向地下扩散，以保证地下器官的正常呼吸和代谢需要。

家庭种植

家养荷花一定要注意，荷花对失水十分敏感。夏季只要3小时不灌水，荷叶便会萎靡；若停水一日，则荷叶边焦黄，花蕾枯萎。荷花还非常喜欢阳光，要是在半阴处生长就会表现出强烈的趋光性。

栽培历史

中国早在3000多年前已开始栽培荷花了，在辽宁及浙江均发现过碳化的古莲子，可见其历史之悠久。而台湾地区的荷花则是在100年前由日本引进的。亚洲一些偏僻的地方至今还有野莲，但大多数的莲都是人工种植的。

你知道吗

荷花是高洁、清廉的象征，其“出淤泥而不染”之品格为世人所称颂，历来为文人墨客歌咏绘画的题材之一。荷花还是印度、泰国和越南的国花。

全身是宝

荷花全身都是宝。藕和莲子能食用；莲子、根茎、藕节、荷叶、花及种子的胚芽等都可入药。

浮萍

植物名片
中文名：浮萍
别称：青萍、田萍、浮萍草
所属科目：浮萍科、浮萍属
分布区域：世界各地的池塘、湖泊内

浮萍属于浮水植物，就是植株悬浮于水面上的植物，也叫作漂浮植物。水环境与陆地环境迥然不同。水环境具有流动性较强、温度变化平缓、光照强度弱、含氧量少等特点。

在长期演化过程中，浮萍的根系逐渐退化，无法固定在水下泥土中，或者根本就没有根。为了适应缺氧环境，浮萍具有发达的通气系统组织，植物体细胞间隙很大，巨大的间隙空腔构成连贯的系统并充满空气，既可供应生命活动需要，又能产生浮力。由于水环境的光照强度弱，所以浮萍的叶片通常较薄，表皮细胞内也分布着叶绿素，并且叶绿体能够随着叶片的

桂林漓江上的浮萍

流动而趋向迎光面，这样就可以有效地利用水中的微弱光照进行光合作用了。浮萍这些与水环境相适应的形态结构，是它们能够顺利地繁衍自己的必要条件。

繁殖条件

浮萍在湿润多雨的季节繁殖较快，水温25℃—30℃为最适宜繁殖的温度。晚秋由于水温下降，浮萍开始形成冬芽，母体随之枯死。

水质标志

少量浮萍的出现标志着河湖的水体水质有所好转，但当水体内出现大量浮萍聚集，甚至覆盖整个或者部分区域水面时，浮萍将阻碍水体复氧及沉水植物接受光照，导致沉水植物死亡。这时，浮萍形成了种群优势，将会导致水体水质逐渐下降。

可作美食

浮萍科植物是水鸟的重要食物之一，无根萍属在东南亚部分地区也被人们拿来作食物。

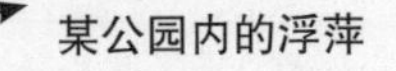

某公园内的浮萍

你知道吗

浮萍可以带根全草入药，性寒，味辛，能发汗透疹、清热利水，主治表邪发热、麻疹、水肿等症。

芦苇

中国最出名的芦苇荡恐怕要数华北平原上白洋淀里的芦苇荡了，那里流传着一个个英雄的故事。

植物名片

中文名：芦苇
别称：苇、芦、蒹葭
所属科目：禾本科、芦苇属
分布区域：世界各地均有生长

芦苇属于挺水植物，通常生长在浅水中。它的根生长在泥土中，具备发达的通气组织，茎和叶绝大部分挺立出水面。实际上，芦苇像两栖动物一样，在陆地和水中都能生长和繁殖。芦苇对水分的适应度很宽，从土壤湿润到长年积水，从水深几厘米至1米以上，都能形成芦苇群落。如在水深20—50厘米、流速缓慢的河里或湖里，就能形成高大的禾草群落。芦苇在水中被淹没数十天，待水退去后也能照样生长。我们在灌溉沟渠旁、河堤沼泽地等低湿地中就能找到它们。

野趣横生

芦苇茎直株高，迎风摇曳，野趣横生。曾有诗赞芦苇：“浅水之中潮湿地，婀娜芦苇一丛丛。迎风摇曳多姿态，质朴无华野趣浓。”

冬天的芦苇

工业作用

由于芦苇的叶、叶鞘、茎、根状茎和不定根都具有通气组织，所以它能在净化污水中起到重要的作用。芦苇茎秆坚韧，纤维含量高，是造纸工业中不可多得的原材料。

药用价值

芦苇能入药治病。芦叶能治霍乱、呕逆、痈疽，芦花可止血解毒，治鼻衄、血崩、上吐下泻。芦茎、芦根更是中医治疗温病的良药，能清热生津，除烦止呕，古代许多药物书籍上都对此有详尽记载。颇为有名的千金苇茎已远销海外。

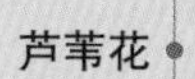

芦苇花

芦苇茎

芦苇秆

你知道吗

芦苇秆含有纤维素，可以用来造纸和人造纤维。中国从古代就用芦苇编制苇席铺炕、盖房或搭建临时建筑。芦苇的空茎可制成乐器芦笛。芦苇茎内的薄膜可做笛膜。

睡莲

睡莲，又称子午莲、水芹花，是水生花卉中的贵族。睡莲的外形与荷花相似，不同的是荷花的叶子和花是挺出水面的，而睡莲的叶子和花多是浮在水面上的。睡莲因花朵昼舒夜卷而被誉为“花中睡美人”。

植物名片

中文名：睡莲
别称：子午莲、水芹花、瑞莲、水洋花、小莲花
所属科目：睡莲科、睡莲属
分布区域：广布于世界各地

睡莲喜欢阳光充足、通风良好的环境，白天开花的睡莲在晚上花朵会闭合，到早上又会张开。睡莲的根状茎粗短，叶浮于水面，有的接近圆形，有的是卵状椭圆形。叶片直径 6 ~ 11 厘米，幼叶有褐色斑纹，下面呈暗紫色，成熟的浓绿色叶片没有毛。花长在细长的花柄顶端，有各种颜色。如果让睡莲离开水超过 1 小时，它可能会因吸水性丧失而失去开放能力，可见其对水的依赖性极强。睡莲的花色艳丽，花姿楚楚动人，在一池碧水中宛如冰肌玉骨的少女，被人们赞誉为“水中女神”。

分布广泛

睡莲属为睡莲科中分布最广的一属，除南极之外，世界各地皆可找到睡莲的踪迹。睡莲还是文明古国埃及的国花。

园林运用

早在两千年前，中国汉代的私家园林中就出现过睡莲的身影。在16世纪，意大利就把它当作水景主题材料。

净水能手

由于睡莲根能吸收水中的汞、铅、苯酚等有毒物质，还能过滤水中的微生物，是难得的净化水体的植物，所以它们在城市水体净化、绿化、美化建设中备受重视。

白色睡莲倒映在水中

朝露中的睡莲

盛放的粉红色睡莲

谁说植物不“流血流汗”

植物和人一样，也会“流血流汗”？你一定不相信。其实自然界中的许多植物都能分泌出各种奇异的、黏黏的汁液，这些分泌物对人类而言是自然界宝贵的馈赠。

龙血树

植物名片

中文名： 龙血树
别称： 马骡蔗树、不才树、竹木参等
所属科目： 百合科、龙血树属
分布区域： 中国南部及亚洲热带地区等

龙血树，体形粗壮健美，有些品种叶片色彩斑斓，鲜艳美丽。一般树木，在损伤之后，流出的树液是无色透明的。而龙血树的茎干一旦被割破，便会流出殷红的树汁，如同鲜血一般。传说，龙血树里流出的液体是龙的血，因为龙血树是在巨龙与大象交战时，巨龙血洒大地后生出来的，这也是龙血树名称的由来。龙血树生长十分缓慢，一年内树干增粗不到 1 厘米，几百年才能长成一棵树，树龄一般可达 8000 年，被誉为“植物寿星”。龙血树现已十分珍稀，受到国家的重点保护。

多样品种

龙血树分好几种，有的品种叶片上密生黄色斑点，被称为星点木；有的品种叶片上有黄色的纵向条纹，能分泌出一种淡淡的香味，被称为香龙血树；有的品种叶片上嵌有白色、乳白色、米黄色的条纹，被称为三色龙血树。

受伤的龙血树

● 生存条件

龙血树生性喜欢高温多湿、光照充足的地方，冬季不耐霜雪，温度过低时，因根系吸水不足，叶尖及叶缘会出现黄褐色斑块，严重时它会被活活冻死。

● 观赏价值

龙血树株形优美规整，叶形、叶色多姿多彩，可将中、小盆花用来点缀书房、客厅和卧室，大中型植株用来美化、布置厅堂。龙血树对光线的适应性较强，在阴暗的室内可连续观赏2—4周，明亮的室内可长期摆放。

你知道吗

龙血树材质疏松，树身中空，枝干上都是窟窿，不能当栋梁；烧火时只冒烟不起火，不能当柴火。最初人们觉得它毫无用处，所以又叫它“不才树”。

胭脂树

植物名片

中文名：胭脂树
别称：胭脂木、红木、红色树等
所属科目：胭脂树科、胭脂树属
分布区域：热带及亚热带地区

在热带地区，有一种有名的染料植物，叫胭脂树，它的果实能用来制作胭脂。胭脂树为常绿小乔木，一般能长到三四米高，有的甚至能长到10米以上。它的叶子长得有点儿像向日葵的叶子，叶柄很长，在叶子的背面长有很多红棕色的斑点。它开的花很漂亮，花色不止一种，有红色、白色。它的果实是红色的，外面有密密麻麻的柔软的小刺，里面是红色的种子。

亚马孙流域与西印度群岛的土著常常把这些红色的种子取出来，在掌心和上唾液，然后搓揉均匀抹在脸上，脸上会像抹了胭脂一样。这也是它叫胭脂树的原因。胭脂树也能“流血”，要是把它的

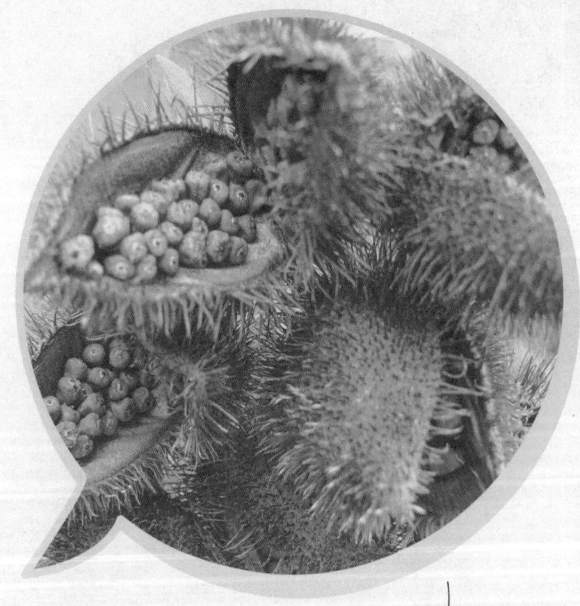

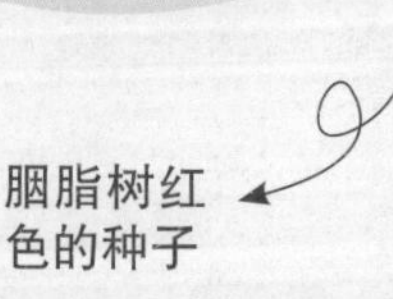
胭脂树红色的种子

胭脂树的
果实

树枝折断或者切开，就会有像血一样的汁液流出来。因此，它与龙血树共称为“会流血的树”。

大用处

胭脂树的红色果瓤是天然的染料，不仅能给糖果染色，还能给纺织品染色。树皮里含有纤维，具有很强的韧性，可以做成结实的绳索。它的种子还能入药，有退热和治疗肝炎、尿血的功效。

体态佳

胭脂树树干通直，树皮老时外呈黑褐色，内呈粉红色 ，有白色乳汁。它的树冠略呈半圆形，树枝修长，皮褐色，斜上或直立生长，光滑无毛。

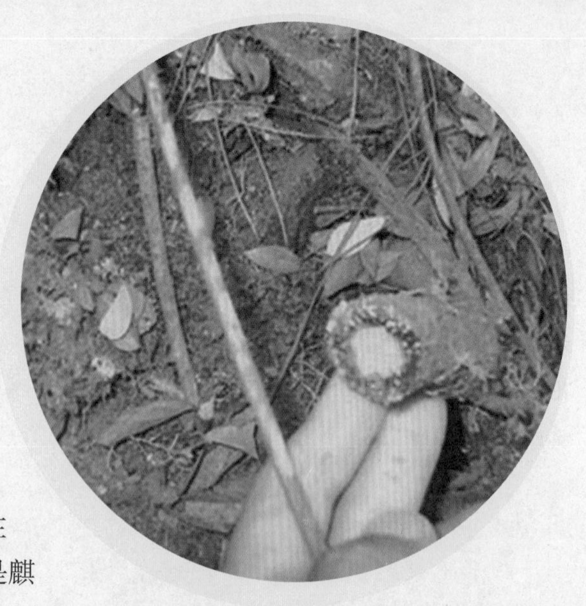

麒麟血藤

在我国广东、台湾一带生长着一种多年生藤本植物。它的叶是羽状复叶，小叶是线状披针形，上面有3条纵行的叶脉；它的果实外面有一层亮亮的黄色鳞片；它的茎通常像蛇一样缠绕在其他树木上，长达10余米。这就是麒麟血藤。

如果把麒麟血藤砍断或切开一个口子，就会有像“血”一样的树脂流出来，干后凝结成血块状的东西。这种血块是很珍贵的中药，被称为“血竭”或“麒麟竭”。研究发现，血竭中含有鞣质、还原性糖和树脂类的物质，可治疗筋骨疼痛，并有散气、去痛、祛风、通经活血之效。更神奇的是，麒麟血藤除了茎之外，果实也可流出血样的树脂。

植物名片

中文名：麒麟血藤
别称：无
所属科目：棕榈科、省藤属
分布区域：中国广东、台湾等地

血藤叶

生长形态

麒麟血藤的藤茎是细长圆柱形的，直径在0.2～0.6厘米，有的略微弯曲；表面为红棕色或棕褐色，有皱纹及红棕色的皮孔；气味芳香，嚼起来有点儿黏黏的。麒麟血藤质地坚硬有韧性，很难被折断。

中药价值

产于西双版纳的血竭为典型的国产血竭，经有关部门的专家对比分析和临床验证，我国血竭的纯度能达到95%以上，优于进口血竭。中国药学鼻祖李时珍在《本草纲目》中推崇它为“活血圣药”。

你知道吗

血竭，以黑似铁、研末红如血、用火燃烧呛鼻者为佳。它主治跌打损伤、内伤瘀血、外伤出血、内科血症、妇科血症、胃肠炎等症。

橡胶树

植物名片

中文名： 橡胶树
别称： 三叶橡胶树、巴西橡胶树
所属科目： 大戟科、橡胶树属
分布区域： 巴西、中国、亚洲热带地区等

橡胶树，原产于亚马孙森林，1873年被移植到英国邱园，1904年来到中国。橡胶树一词，来源于印第安语，意思是“流泪的树”。只要小心切开橡胶树的树皮，乳白色的胶汁就会缓缓流出，这些胶汁经凝固及干燥后制得的就是天然橡胶。天然橡胶具有很强的弹性和良好的绝缘性，还具有可塑、隔水、隔气、抗拉和耐磨等特点，因此被广泛运用在工业、国防、交通、医药卫生领域和日常生活等方面。在野外，橡胶树可以生长至40多米高，树干各部分都有网状组织的乳胶导管产出黄色或白色的乳胶，主干接近形成层的韧皮部是乳胶导管最密集的部分。

作用巨大

用橡胶树种子榨成的油，是制造油漆和肥皂的原料。橡胶果壳可制成优质纤维、活性炭、糠醛等。橡胶树木材质轻，花纹美观，加工性能好，经化学处理后可制作成高级家具、纤维板、胶合板、纸浆等。

生长环境

橡胶树喜欢高温、高湿、静风和肥沃土壤。只要年平均温度为20摄氏度~30摄氏度，橡胶树就能正常生长和产胶；而它对风的适应能力较差，枝条也较脆弱，容易受风寒影响而降低产胶量。

分布广泛

橡胶树原产于巴西亚马孙森林，现已布及亚洲、非洲的40多个国家和地区。中国植胶区主要分布在海南、广东、广西、福建、云南，此外台湾也可种植，其中海南为主要植胶区。

保护环境

橡胶林属于可持续发展的热带森林生态系统，是无污染、可再生的自然资源。20世纪80年代，海南以橡胶树为主的林木覆盖，造就了涵养水源、保持水土的可持续发展的良好环境，不仅大大提高了森林覆盖率，还对改善环境条件、维护热带地区生态平衡发挥了重要作用。

你知道吗

橡胶树为中国植物图谱数据库收录的有毒植物，它的种子和树叶都有毒。小孩误食2~6粒种子即可引起恶心、呕吐、腹痛、头晕、四肢无力等症状，严重时还会出现抽搐、昏迷和休克等反应。

漆树

漆液是天然树脂涂料，素有“涂料之王”的美誉。漆树能长到20米左右，割开树皮有乳汁流出，这就是天然生漆，是优良的涂料和防腐剂。它容易结膜干燥，耐高温，可用于涂饰海底电缆、机器、车船、建筑、家具及工艺品等。

植物名片

中文名： 漆树
别称： 大木漆、小木漆、山漆、植苜、瞎妮子
所属科目： 漆树科、漆属
分布区域： 印度、朝鲜、日本、中国等地

漆树林在我国是重要的特用经济林，云南、四川、贵州三省的漆树产量最多。漆树是中国主要采漆树种，已有两千余年的栽培历史。漆树不仅可以产漆，它的种子还可以榨油；果皮可以做蜡；漆树是生长迅速又坚实的木材，可以用来做家具及装饰品。

生命力强

漆树生长对土壤条件要求不高，只要在背风又向阳的山地上一般就能活七八十年，少数寿命可超过百年。这都是因为它的萌芽力较强，树木衰老后又可萌芽更新。

漆树林

小心过敏

秋天，漆树的树叶变红，十分美丽，但是漆液有刺激性，有些人会对其产生皮肤过敏反应，所以一般不种植在园林里。

毒性较强

漆树是有毒植物，它的毒性在树的汁液里，对生漆过敏者皮肤一旦接触到即引起红肿、痒痛，误食会引起强烈刺激，产生如口腔炎、溃疡、呕吐、腹泻等症状，严重者可导致中毒性肾病。

> **你知道吗**
>
> 我国对漆树的栽培，在春秋时期就已开始，到西汉时期已开始大面积造林。如《史记·货殖传》记有“陈夏千亩漆……此其人一千户侯等”。20世纪70年代，在川东南地区飞机播种营造了大片漆林，建设了人工漆林生产基地。生漆生产，正从依赖、利用自然资源向建立人工林商品生产基地方向转变。

东奔西跑的种子

植物传播种子的方式多种多样，比如动物传播、风力传播、水传播、自体传播等。虽然方式不一样，但目的只有一个——繁殖后代。瞧，下面这些种子为了下一代又要东奔西跑了。

蒲公英

植物名片

中文名： 蒲公英
别称： 华花郎、婆婆丁、尿床草等
所属科目： 菊科、蒲公英属
分布区域： 中国、朝鲜、蒙古、俄罗斯等地

蒲公英，在江南有个好听的名字，叫华花郎。蒲公英开黄色的花，花朵凋谢后，就会留下一朵朵白色的小绒球，这些就是蒲公英的种子，上面的白色小绒毛叫作“冠毛”。

我们看到的蒲公英的花实际上是个头状花序，由很多的小花组成。经过昆虫授粉，里面的种子就慢慢成熟，每一颗种子上都带着一团绒毛样的东西，很轻。风一吹，种子便随风传播到很远的地方去，就像一把把小小的“降落伞”。风一停，种子便会落下来，遇到条件合适的新环境就可以生根发芽，孕育新生命，长成一棵新的蒲公英。

等待乘风旅行的蒲公英

生长条件

蒲公英自身的抗病、抗旱、抗虫能力很强，一般不需进行病虫害防治，只要施肥和浇水就可以了。蒲公英虽然对土壤条件要求不严格，但是它还是喜欢肥沃、湿润、疏松、有机质含量较高的土壤。

名字由来

蒲公英的英文名字来自法语，意思是狮子牙齿，因为蒲公英叶子的形状就像狮子的一嘴尖牙。蒲公英的叶子从根部上面一圈长出，围着一两根花茎。花茎是空心的，折断之后会有白色的乳汁溢出。花朵为亮黄色，由很多细花瓣组成。成熟之后，花朵变成圆圆的蒲公英伞，世界各国儿童都以吹散蒲公英伞为乐。

营养成分

蒲公英中含有蒲公英醇、蒲公英素、胆碱、有机酸、菊糖等多种健康营养成分，有利尿、缓泻、退黄疸、利胆等功效。蒲公英同时含有蛋白质、脂肪、碳水化合物、微量元素及维生素等，有丰富的营养价值。

你知道吗

蒲公英的根可以吃，也可用来替代咖啡。蒲公英的花可以泡酒。蒲公英的叶子可生吃，其苦味与油和醋相混合时会产生一种不错的味道。蒲公英也可烹食，蒲公英炒肉丝具有补中、益气、解毒的功效。

盛开的蒲公英花

柳树

“柳絮纷飞”一词，是我们经常用来描写春天的景色的词语，其实这也是在描述柳树种子的传播情形。每当清风拂来，柳树上的柳絮就会随风飘落，美丽极了。柳絮是柳树的种子，很小，外面是洁白的绒毛，随风飞散如飘絮，所以有“柳絮”一词。

植物名片

中文名：柳树
别称：水柳、垂杨柳、清明柳
所属科目：杨柳科、柳属
分布区域：中国大陆、亚热带地区

柳树有长得像毛毛虫一样的花序，这种花序有雌雄之分，成熟时整个脱落，雌花序中的果实裂成两瓣，具有白色茸毛的种子就随风飘散出来。柳树生长快，容易繁殖，生命力强，既可美化环境，又可作为经济用材，是很好的绿化树种，在中国已有数千年的栽培历史。

生长环境

柳树属于广生态幅植物，对环境的适应性很强，喜欢阳光、潮湿，是中生偏湿树种。但也有一些柳树种类是比较耐旱和耐盐

如毛毛虫般的柳树花序

花丛中满是柳絮

碱的，即使在生态条件较恶劣的地方也能够生长，在条件优越的平原沃野，会生长得更好。柳树的寿命一般为 20 ~ 30 年，少数种类可达百年以上。

实用价值

柳树材质轻，易切削，干燥后不变形，无特殊气味，可做建筑、坑木、箱板和火柴梗等用材；柳树由于木材纤维含量高，是造纸和人造棉的原料；柳木、柳枝是很好的薪炭材；许多种柳条可编筐、箱、帽等；柳叶可作羊、马等的饲料。

观赏价值

柳树对空气污染及尘埃的抵抗力强，适合在都市庭园中生长，尤其适合于水池或溪流边，它的枝条细长而低垂，为优美的观赏树种。

你知道吗

阿司匹林是人类常用的具有解热和镇痛等作用的一种药品，它的学名叫乙酰水杨酸。在中国和西方，人们自古以来就知道柳树皮具有解热镇痛的神奇功效。在中药里，柳树入药亦多显功效。

苍耳

苍耳俗称粘不粘、小刺猬，为菊科植物。苍耳为一年生草本植物，身高可达约1米，原产于美洲和东亚，广布欧洲大部和北美部分地区。

苍耳这种植物你可能早就见过，每当秋天野外郊游归来，它的种子成熟了，就会挂在你的衣裤上，免费“搭车旅行”。仔细观察它的刺——顶端带有倒钩，可以牢牢钩住人的衣物或者动物的毛皮，不易脱落。随着人类或动物的移动而被带走，等钩得不牢固了，或者被摩擦掉落到各处，这样种子就被传播了。当然它们的种子也可以混杂在其他植物，例如粮食的种子中，由于人类的收割、储存、运输而被传播。想想看，你有没有在不知不觉中已经为它的种子传播做了贡献呢？

植物名片

中文名：苍耳
别称：卷耳、苓耳、地葵、白胡荽等
所属科目：菊科、苍耳属
分布区域：中国、朝鲜、日本、伊朗、印度等地

苍耳种子粘在牛身上被带走

老苍耳

你知道吗

苍耳的种子可榨油，苍耳子油与桐油的性质相仿，可掺在桐油中制油漆，也可用作油墨、肥皂、油毡的原料；还可以制硬化油及润滑油；茎皮制成的纤维可以作麻袋、麻绳等。

药性毒性

苍耳可以入药治麻风，其种子能利尿、发汗。苍耳味苦辛，微寒涩，有小毒。全株有毒，以果实，特别是种子毒性较大。

生长环境

苍耳常常生长在平原、丘陵、低山、荒野路边、田边。

生长条件

苍耳喜欢温暖、稍湿润的气候，以疏松肥沃、排水良好的砂质土壤为宜。它们的根系非常发达，入土较深，不易被清除和拔出。

整株苍耳

椰子树

椰子树，是热带海岸常见树种，树干很高。那么椰子树是通过什么来传播种子的呢？原来它是通过海洋来传播种子。吃过椰子的人都知道，椰子的果皮分为三层，外层薄而光滑，质地细密，抗水性较好；中层厚而松散，充满空气，质轻而易漂浮于水上；内层是坚硬的果核，核内有一层洁白的椰子肉和清甜的椰子汁，它们为种子的生长发育提供了充足的养料，最里面才是椰子树的种子。成熟以后，身体朝向大海一方的椰子便掉进大海里。椰子具有很强的漂浮能力，可以在海中漂泊数月，然后在适宜的海岸上安家落户，生根发芽，开花结果，繁殖下来，最后又长成了椰子树。这也是椰林多生长在海滩上的缘故。

植物名片

中文名：椰子树
别称：越王头
所属科目：棕榈科、椰子属
分布区域：热带和亚热带地区

浑身是宝

椰子树的果实叫椰子，里面有香甜的汁液可以直接当饮料喝；果肉可以吃，也可榨油，营养丰富；果皮纤维可结网；树干可作建筑用材。

形态优美

椰子树主要分绿椰、黄椰和红椰三种。

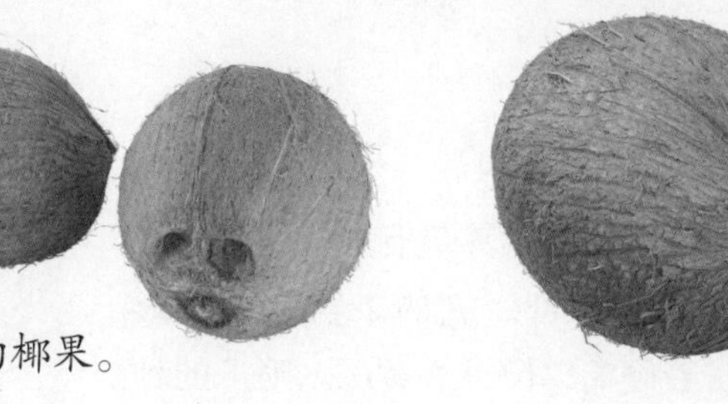

椰子树一般高达 15 ~ 30 米以上，树干笔直，无枝无蔓，巨大的羽毛状叶片从树梢中伸出，撑起一个伞形绿冠，椰叶下面结着一串串圆圆的椰果。

品种多样

椰子树栽培历史悠久，在长期自然选择和人工选择过程中，形成许多种类和变种。人们常从栽培品种角度分析，认为有野生种和栽培种，栽培品种中又可分为高种、矮种和杂交种。

营养丰富

椰子汁清如水，晶莹透亮，清凉解渴。一个好椰子，大约含有两玻璃杯的水，两汤匙糖，以及蛋白质、脂肪、维生素C及钙、磷、铁、钾、镁、钠等矿物质，是营养极为丰富的饮料。椰汁和椰肉都含有丰富的营养素。

你知道吗

大多数人都喝过椰汁，但并不是每个人都吃过椰肉。椰肉就是椰子囊。喝完椰汁后，砸开果皮就可以看到里面白白的椰肉。椰肉也含有大量蛋白质、各种维生素以及矿物质，它白如玉，芳香滑脆，是老少皆宜的美味佳果。

喷瓜

喷瓜，是自然界最有力气的果实，原产于欧洲南部。它的果实是长圆形的，长着硬毛，像个大黄瓜。喷瓜的种子不像我们常见的瓜那样埋在柔软的瓜瓤中，而是浸泡在黏稠的浆液里，浆液把瓜皮胀得鼓鼓的。成熟后的喷瓜，里面生长着种子的多浆质的组织变成黏性液体，挤满果实内部，强烈地膨胀着果皮。稍有风吹草动，瓜柄就会与瓜自然脱开，瓜上出现一个小孔，“砰”的一声破裂，好像一个鼓足了气的皮球被刺破后的情景一样，紧绷绷的瓜皮把浆液连同种子从小孔里喷射出去，能喷到5米远的地方，种子就这样传播出去了。因为喷瓜的这股力气很猛，像放炮一样，所以人们又叫它“铁炮瓜”。可以说，在植物界喷瓜这种自食其力传播种子的本领已经达到了登峰造极的水平。

植物名片

中文名： 喷瓜
别称： 铁炮瓜
所属科目： 葫芦科、喷瓜属
分布区域： 中国、地中海地区

生长形态

喷瓜是蔓生草本植物，根又长又粗壮。茎很粗糙，有短刚毛，呈纵纹形。果实是苍绿色的，呈长圆形或卵状长圆形，有

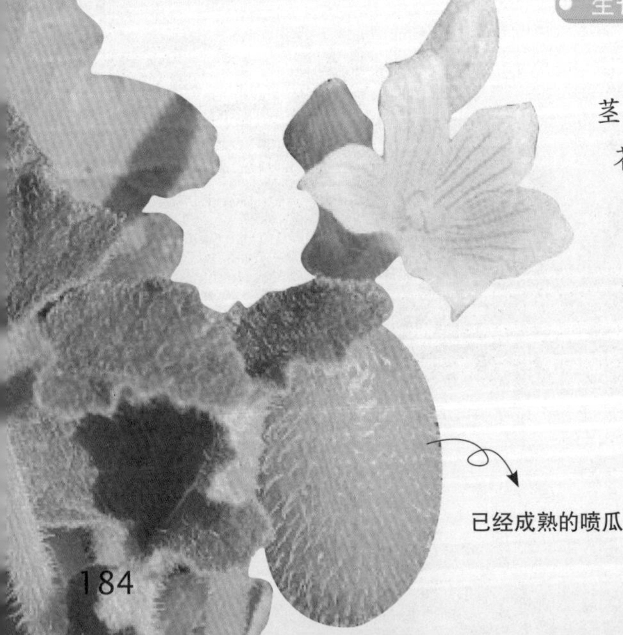

已经成熟的喷瓜

粗糙的黄褐色短刚毛，成熟后膨胀。种子为褐色或近黑色，大概有4毫米长。

分布地区

喷瓜分布于地中海沿岸地区和小亚细亚。中国新疆有野生的，南京、陕西等地均有栽培。

种植条件

种植喷瓜所需要素大致有15种之多，其中碳、氢、氧喷瓜可以自行从空气和水分中进行化学合成，剩下的则需从介质（土壤）中吸收获得。

你知道吗

喷瓜的黏液有毒，误食少量的喷瓜汁液就会让人呕吐。另外，千万不能让它们的汁液溅到眼中。喷瓜虽然有毒，但是人们从中提取的一种物质，却可以用于治疗糖尿病。

凤仙花

凤仙花，身高为 60 ~ 100 厘米，全株分根、茎、叶、花、果实和种子六个部分。因其花头、翅、尾、足都高高地翘起，像高傲的凤凰头，所以人们又叫它金凤花。

植物名片

中文名：凤仙花
别称：金凤花、好女儿花、指甲花、小桃红等
所属科目：凤仙花科、凤仙花属
分布区域：中国、印度等地

凤仙花的英文别名叫作“别碰我”，因为它的籽荚只要轻轻一碰就会弹射出很多籽儿来。凤仙花的果实在 8 ~ 10 月成熟为蒴果，形状为尖卵形，具有绒毛，成熟时会爆裂，自动弹出种子，人们把这种传播种子的方法叫作弹射传播。当你看到它果实饱满的时候，你可以用手去碰它，它会整个弹开，曲成一个猫爪子的形状，同时将黑色的果实弹出，落到周围地面，进行种子传播。如果是有风或者其他的接触，同样也会令成熟的果实弹开。凤仙花传播种子，依靠的是“自力更生”。

花色迷人

凤仙花花形如鹤顶，似彩凤，状蝴蝶，姿态优美，妩媚悦人。凤仙花因其花色、品种极为丰富，因此成为美化花坛的常用材料，可丛植、群植和盆栽，也可作切花水养。香艳的红色凤仙和娇嫩的碧色凤仙都是早晨开放，需要把握欣赏的最佳时机。

待果实成熟，弹出种子

生长环境

凤仙花生性喜欢阳光，害怕潮湿，所以在向阳的地势和疏松肥沃的土壤中能茁壮成长，在较贫瘠的土壤中也可以生长，是人们喜爱的观赏花卉之一。

小凤仙

非洲凤仙

食用价值

人们在煮肉、炖鱼时，放入数粒凤仙花种子，肉易烂、骨易酥，而且菜肴变得别具风味。凤仙花嫩叶焯水后可加油、盐凉拌食用。

你知道吗

在中东、印度等地称凤仙花为“海娜”。因为它本身带有天然红棕色素，所以中东地区的人们喜欢用它的汁液来染指甲。据记载，埃及艳后就是用凤仙花来染头发的。著名的印度身体彩绘，也是用它来染色的。

我们不得不做“寄生虫”

和动物界一样，植物界也有“寄生虫”。它们必须依赖其他植物为其提供营养才能生存，但如果这样的“寄生虫”植物多了，寄主植物也会受到损害。

槲寄生

槲寄生，顾名思义，就是寄生在其他植物上的植物。槲寄生是常绿小灌木，在冬天也长着绿色的叶子，它们能够通过光合作用制造一些养分，但这远远不能满足其自身的需求，所以它们只好寄生在别的树木身上，通过从寄主那里吸取水分和无机物来给自己增加营养。

植物名片

中文名：槲寄生
别称：寄生子、北寄生、桑寄生、柳寄生
所属科目：桑寄生科、槲寄生属
分布区域：中国、俄罗斯、日本、朝鲜、韩国等地

远远望去，槲寄生像鸟巢一样紧紧贴在寄主枝条上，长着又小又绿的叶子。它们在别的树木的枝条上生根，一般不会给寄主植物带来太大的伤害，但是如果同时在一棵树上寄生太多，树也会枯死。

寄生在杨树上的槲寄生结出了淡黄色的果实

你知道吗

槲寄生有着深厚的文化底蕴，常青的槲寄生代表着希望和丰饶，在英语里有特殊的寓意。在英国有一句家喻户晓的话：没有槲寄生就没有幸福。

槲寄生还有个奇特的地方，那就是它寄生在不同的树上可以结出不同颜色的果实。比如说，寄生在榆树上的槲寄生果实为橙红色的，寄生于杨树和枫杨上的结出的果实则呈淡黄色，寄生于梨树上的结出的果实则呈红色或黄色。

寄生宿主

槲寄生生于海拔为 500 ~ 1400 米的阔叶林中，通常寄生于榆、杨、柳、桦、栎、梨、李、苹果、枫杨、赤杨、椴属植物上，有时有害于宿主。

药用价值

槲寄生带叶的茎枝可供药用，具有补肝肾、强筋骨、祛风湿、安胎等功效。槲寄生中的提取物可改善微循环，它的总生物碱还具有抗肿瘤的作用呢！

菟丝子

菟丝子有成片群居的特性，所以我们在田野或草地里可以很容易地找到它们。

“臭名昭著”的菟丝子是一种生理构造很特别的寄生植物，其组成的细胞中没有叶绿体，所以无法进行光合作用。只有在温度和湿度适宜的时候，它的种子才能在土中萌发，长出淡黄色细丝状的幼苗。随着不断生长，它利用爬藤状构造攀附在其他植物上，不久在它与宿主植物的接触处形成吸盘，并伸出尖刺，戳入宿主体内，吸取其养分以维生，更进一步还会形成淀粉粒储存于组织中。在这期间，菟丝子还会不断分枝生长，开花结果，繁殖蔓延。它的藤茎生长迅速，常缠绕着寄主植物的枝条，甚至覆盖住整个寄主植物的树冠，影响寄主叶片的光合作用，致使其叶片黄化、脱落；严重时寄主植物不能生长和开花结果，甚至会枝梢干枯或整株枯死。

植物名片

中文名：菟丝子
别称：豆寄生、无根草、黄丝
所属科目：旋花科、菟丝子属
分布区域：中国、伊朗、阿富汗、日本等地

和别的植物粗壮的茎
“缠缠绵绵”的菟丝子

寄生环境

菟丝子对阳光充足的开阔环境似乎有所偏好，不管是住家旁的绿篱，还是路肩的护坡，还是海边的灌木丛，都是菟丝子理想的寄生处。

药用价值

在中药学上，菟丝子有相当重要的地位，它能养肝明目、强身健体，是一种中医良药。

繁殖方式

菟丝子的繁殖方法有种子繁殖和藤茎繁殖两种。种子繁殖是等成熟种子落入土壤，再经人为耕作进一步扩散繁殖；藤茎繁殖是借寄主树冠之间的接触由藤茎缠绕蔓延到邻近的寄主上，或人为将藤茎扯断后有意无意抛落在寄主的树冠上。

这是一群爱吃肉的植物

常听说牛吃草、兔子吃青菜，现在要向大家介绍的却是植物吃动物。当然，并不是草吃牛或者青菜吃兔子这样的，而是一些奇特的吃小昆虫的植物的故事。

瓶子草

植物名片

中文名：瓶子草
别称：无
所属科目：瓶子草科、瓶子草属
分布区域：加拿大、美国等

瓶子草有着非常奇特而有趣的叶子，有的像根管子，有的像小喇叭，还有的像小水瓶，人们就以“瓶”给它们起名，统称它们为瓶子草。瓶子草春季开花的时候特别美丽，从瓶子中间伸出一支长长的花葶，一朵向下低垂如小碗的红色花朵开在花葶顶端，羞涩而可爱。

有如此漂亮的样貌加上瓶子草还会分泌出香甜的蜜汁，受引诱而来的昆虫络绎不绝，但当它们爬到花朵顶端，并试图跨过“瓶口”爬进内壁时，会因内壁很滑而落入“瓶”中，掉进“瓶”内的消化液里，而再想从“瓶”中爬出来就很困

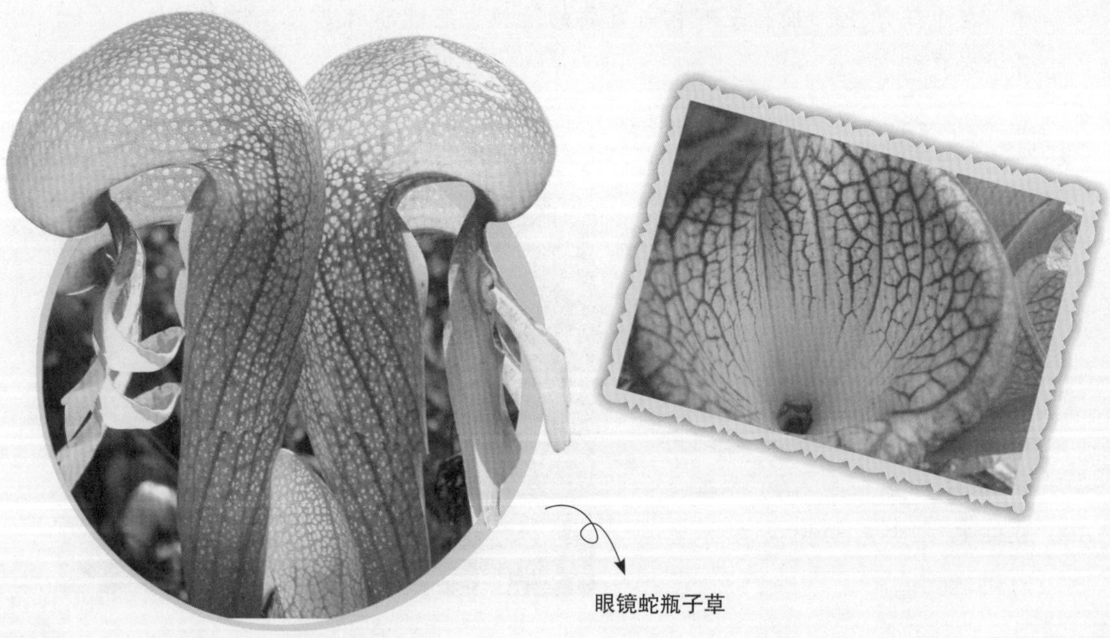

眼镜蛇瓶子草

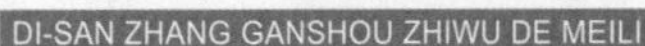

难了，它们会受到内壁的倒刺毛的阻挡，最终会被消化液淹死，成为瓶子草的美餐。

辅助工具

吸引昆虫的诱因除了漂亮的外表、香甜的蜜汁外，多数瓶子草还充分利用了气味、有毒的蜜、蜡质沉积（妨碍昆虫爬行）和重力，让猎物落入“瓶”中且难以逃脱。

聪明的选择

瓶子草在晚秋时开始凋谢，长出不具捕虫功能的剑形叶。由于冬季的昆虫减少，天气转冷，植物的新陈代谢和其他功能降低了，聪明的瓶子草认为此时把能量花在长捕虫叶上很不划算，因此它们选择了剑形的叶片。

你知道吗

瓶子草大部分的花是有香味的，而且香味多变，通常都很浓烈，甚至刺鼻。尤其是黄瓶子草，具有浓烈的气味，闻起来有点儿像猫尿。

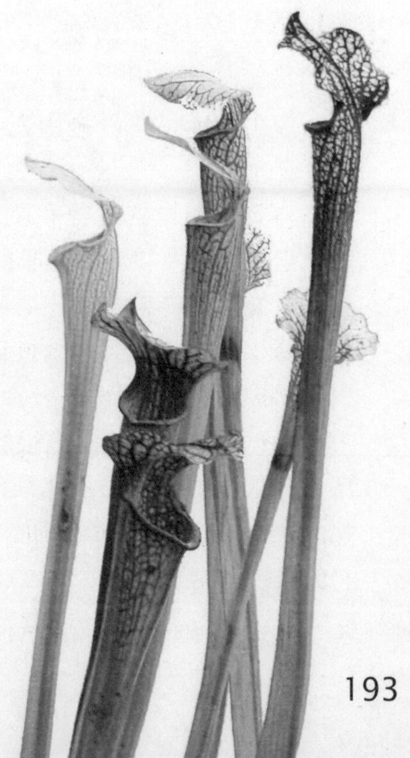

猪笼草

猪笼草的身材很奇特，它们的叶子上长着一根又长又卷的胡须，连接着一个有着胖胖大肚子的瓶子。这个瓶子因为长得很像猪笼，所以人们叫它们猪笼草。又因为它们的笼口有笼盖，像个酒壶，所以海南人又叫它们雷公壶。

植物名片

中文名： 猪笼草
别称： 水罐植物、猴水瓶、猪仔笼、雷公壶
所属科目： 猪笼草科、猪笼草属
分布区域： 中国广东、海南，东南亚等地

猪笼草捕虫的过程和瓶子草差不多。它胖胖的大肚子就是捕食昆虫的工具。猪笼草的笼盖分泌出香味和蜜汁，这种蜜汁对昆虫而言是一种巨大的诱惑，因此，很容易就能引诱昆虫前来取食蜜汁。由于笼口十分光滑，昆虫很容易就滑落到瓶内，被瓶底分泌的消化液淹死，这些消化液分解出昆虫的营养物质，使其成为猪笼草的美味营养餐。

生长环境

大多数猪笼草都喜欢生活在湿度和温度都较高的地方，一般生长在森林或灌木林的边缘或空地上。少数物种，如苹果猪笼草，就喜欢生长在茂密阴暗的森林中。

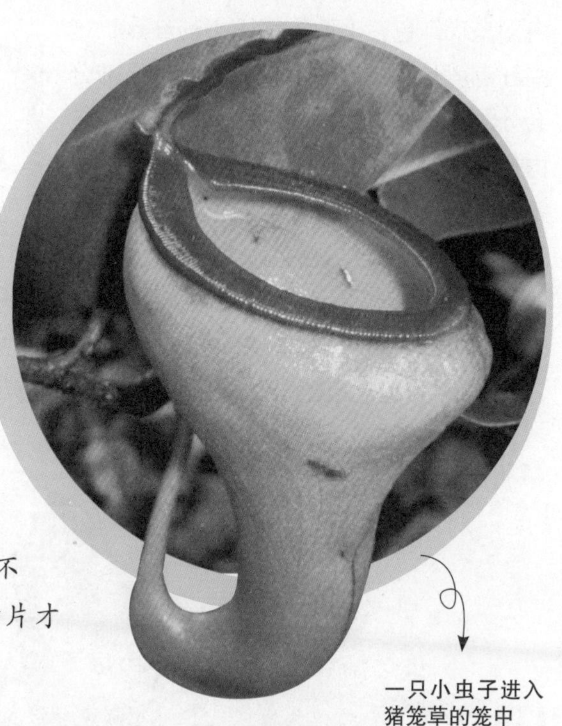

一只小虫子进入猪笼草的笼中

一次性工具

猪笼草的每一片叶片都只能产生一个捕虫笼，若捕虫笼衰老枯萎或是因故损坏了，原来的叶片并不会再长出新的捕虫笼，只有新的叶片才会长出新的捕虫笼。

烹饪工具

在东南亚地区，当地人会将苹果猪笼草的捕虫笼作为容器烹调“猪笼草饭”。他们将米、肉等食材塞入捕虫笼中进锅蒸熟，类似中国的蒸粽子。猪笼草饭是当地的一种特色食品，很具有东南亚风味。

你知道吗

中药材中的雷公壶就是猪笼草属中的奇异猪笼草，一般秋季采收，切段晒干入药，可清肺润燥，行水，解毒。

捕蝇草

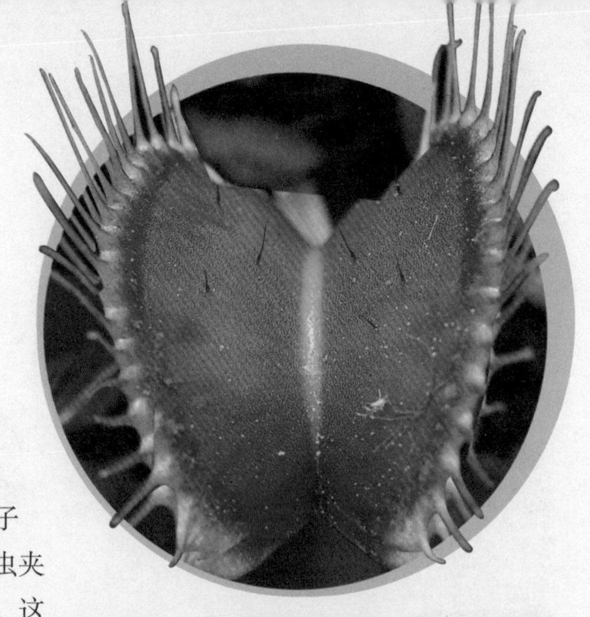

捕蝇草与瓶子草捕食的方式不一样，捕蝇草是吸取各种微生物分解后的养分，它们被誉为“自然界的肉食植物”。

夏天，捕蝇草一左一右对称的叶子张开，形成一个夹子状的捕虫器。捕虫夹内侧呈现红色，上面覆满微小的红点，这些红点就是捕蝇草的消化腺体。叶缘部分会分泌出蜜汁来引诱昆虫靠近。在捕虫夹内侧可见到三对细毛，这些细毛便是捕蝇草的感觉毛，用来侦测昆虫是否走到适合捕捉的位置。当昆虫进入叶面部分时，碰触到属于感应器官的感觉毛两次，左右的叶子就会迅速地合起来，捕虫夹两端的毛正好交错，像两排锋利的牙齿围成一个牢笼，使昆虫无法逃走。这时，消化腺分泌出消化液将昆虫体内的蛋白质分解并

植物名片

中文名：捕蝇草
别称：食虫草、捕虫草、苍蝇的地狱
所属科目：茅膏菜科、捕蝇草属
分布区域：北美洲、亚洲、非洲及大洋洲的热带和亚热带地区等

姿态优美的捕蝇草

进行吸收，而剩下的那些无法被消化掉的昆虫外壳，则被风雨带走。

确认猎物

被捕的昆虫不停地挣扎，给捕蝇草不停地刺激，这正表明捕虫器所捉到的确实是昆虫，是活的猎物。如果误捉到枯枝、落叶，聪明的捕蝇草就会通过这种方式确认不是昆虫，没必要将消化液浪费在无法消化掉的杂物上，于是，它们会在数小时之后重新打开捕虫器，等待下一个猎物。

观赏价值

捕蝇草的叶片属于变态叶中的“捕虫叶”，外观有明显的刺毛和红色的无柄腺部位，样貌好似张牙舞爪的血盆大口，是很受人们欢迎的食虫植物，可种植在向阳窗台或阳台上进行观赏。

能力有限

捕蝇草的每片叶片大约可以捕捉小昆虫 12 ~ 18 次，消化 3 ~ 4 次，一旦超过这个次数，叶子就会失去捕虫能力，渐渐枯萎。

颜色艳丽的捕蝇草

一只苍蝇成了捕蝇草的猎物

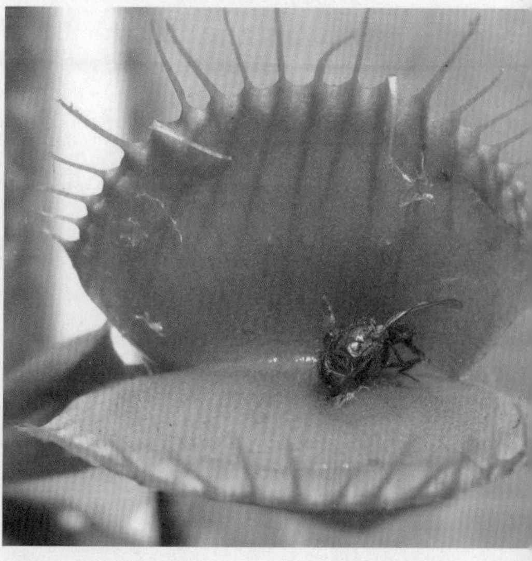

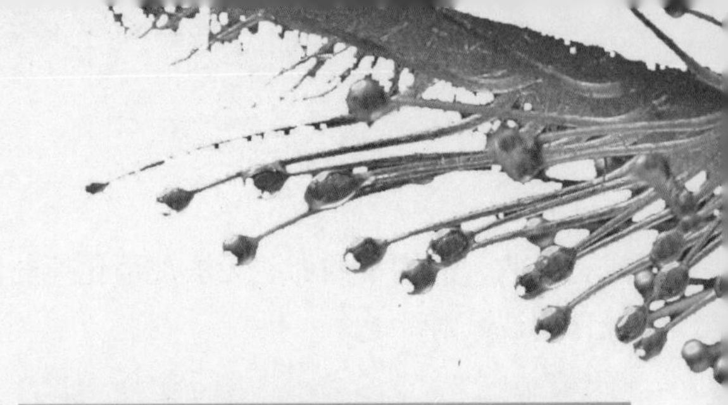

长叶茅膏菜

长叶茅膏菜的捕食秘籍是：在细细长长的叶片上分泌出黏液来捕食昆虫。它们的叶面密生腺毛，使整个叶子看上去毛茸茸的，像一条小松鼠的尾巴一样；叶背也有腺毛。腺毛顶端能分泌出胶质蜜露。透过照相机的镜头，这些挂在叶片上的分泌液看起来就像串串珍珠，又像清晨的雨露，晶莹剔透。这些分泌液散发着淡淡的清香，吸引小蛾、小甲虫、苍蝇、蚊子等小昆虫到来。但是，这些分泌液却是小昆虫的致命陷阱，只要一接触，立刻就会被牢牢粘住而离不开这株植物。叶片上的分泌液中含有大量的消化液，虫子将被慢慢地分解，化为植株成长所需的养分。

植物名片

中文名：长叶茅膏菜
别称：满露草
所属科目：茅膏菜科、茅膏菜属
分布区域：台湾、福建、广东、广西等地

观赏性强

长叶茅膏菜是热带地区一种罕见的食虫花卉，其形态构造十分奇特，整个株型就像蛟龙出水，龙爪挥舞，又仿佛群蛇狂舞，蹿动奔腾，因而观赏性极强。

叶片形态

嫩绿色的长叶茅膏菜，叶无柄，较紧密地排列在茎秆上，新幼叶像一盘卷着的弹簧，逐渐从叶基部松开，叶尖仍保持盘卷状态，

长叶茅膏菜开出的紫色小花

到盘卷的叶尖全部展开，叶片便停止生长。长成的叶片长 10 ~ 15 厘米，两边叶缘向叶背反卷，呈圆筒形。

● 生长习性

长叶茅膏菜有族群集中生长的习性，四周长着多株小苗。

黄花狸藻

挺出水面的花序

黄花狸藻是一种独特的水生植物，它没有根，只是在水中漂流，却能把一些低级甲壳动物和昆虫的幼虫都捉进自己的囊里。黄花狸藻是狸藻家族的“美人”，一般有1米长，除花序外，其余部分都沉于水中。

夏秋季节，黄花狸藻的花序伸出水面，开出黄色的唇形花，而它的捕虫囊口长有很薄的绒毛和瓣膜，当在水中游动的水生小虫子触碰到它的绒毛时，囊口附近的瓣膜就会打开，小虫子便随水一起被吸入囊内，很难逃脱。黄化狸藻的捕虫囊内没有专门分泌消化液的腺体，但是它长有四齿和两齿的特别的叶片状突起物，能吞噬各种小水生物。它能够非常出色地捕捉到生活在水中的虫体或浮游动物，不分泌消化液而依靠猎物的腐化来吸收营养。

植物名片

中文名： 黄花狸藻
别称： 黄花挖耳草、金鱼茜、狸藻、水上一枝黄花
所属科目： 狸藻科、狸藻属
分布区域： 中国、印度、尼泊尔、孟加拉、马来西亚等地

濒临绝种

黄花狸藻一般生活在弱酸且不具肥分的水中，随着对土地资源的开发和利用，过去随处可见的湖沼、池塘绝大多数都已经不存在了。黄花狸藻也随之成了稀有和濒临绝种的植物。

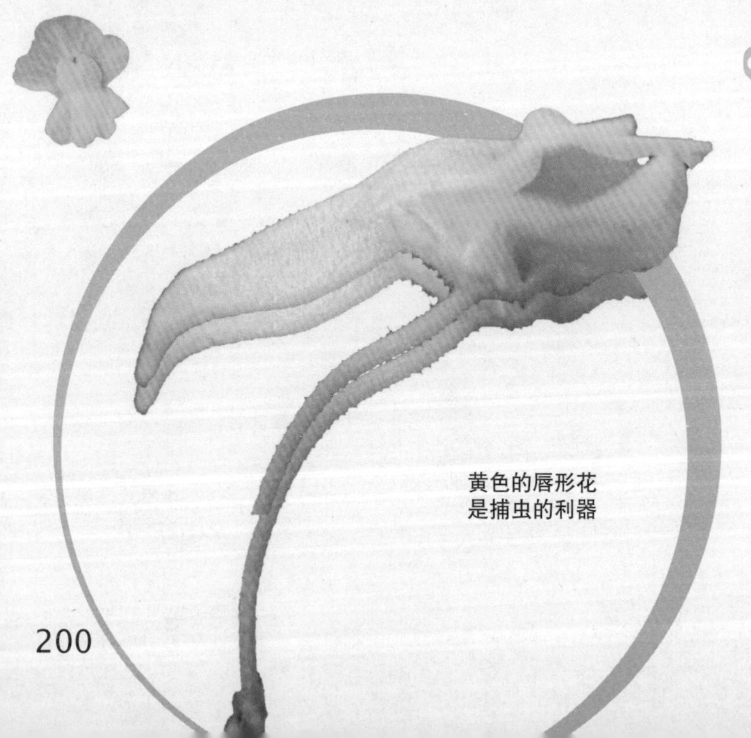
黄色的唇形花是捕虫的利器

观赏价值

黄花狸藻具有很高的观赏价值，它在开花时十分漂亮，一枝枝黄色的花序挺出水面，有种神秘、幽深的意境。黄花狸藻一般可以在小型水草水族箱里单独种植。

喜欢阳光

黄花狸藻对光照的需求比较特殊，既喜光线充足的环境，又怕强光直射，光照不足则植株生长弱小，叶片和捕虫囊变小，甚至长不出捕虫囊。通常强光下长出的捕虫囊色泽会变红，而弱光下长出的捕虫囊，表面多呈暗绿色或无光泽。

锦地罗

锦地罗通常生长在通地上或者潮湿的岩面、沙土上，这些地方往往光照和水分都很充足，但是土壤却非常瘠薄，尤其是缺乏氮素营养。因此，锦地罗只有通过捕食一些小虫子才能补充其所需的营养元素，才能更好地生长和繁殖。

锦地罗非常漂亮，通常由叶柄、叶状部、丝状部、瓶状部四个部分组成，勺子状的叶子如莲座般平铺在地面，像一朵朵盛开的莲花。叶子边缘长满腺毛，丝状部分像卷曲的胡须，形成了天然的捕虫器。待昆虫落入，叶子上的腺毛就将虫体包围，带黏性的腺体将昆虫粘住，分泌的液体可分解虫体蛋白质等营养物质，然后由叶面吸收。

植物名片

中文名： 锦地罗
别称： 怎地罗、一朵芙蓉花、落地金钱、文钱红
所属科目： 双子叶植物纲、茅膏菜科
分布区域： 广西、广东、福建、台湾等地

被锦地罗吸引的昆虫

亭亭玉立的叶柄

生长地区

锦地罗长在海拔 50 ~ 1520 米的平地、山坡、山谷和山顶的向阳处或疏林下，常见于雨季。它分布于亚洲、非洲和大洋洲的热带和亚热带地区，多长在近海地带或海岛。

开花条件

锦地罗喜欢有阳光而且潮湿的环境，只有在阳光照耀下它才会开花，花朵一般在上午有阳光时才开放。

采收程序

锦地罗全年可采收并进行加工，人们多在春末夏初锦地罗植株旺盛时拔取全草，剪除细而长的花茎，抖净泥沙，晒干备用。

你知道吗

锦地罗全株可作药用，味微苦，有清热去湿、凉血、化痰止咳和止痢的功效。民间用于治疗肠炎、菌痢、喉痛、咳嗽和小儿疳积，外敷可治疮痈肿毒等。

我们不怕热

有一类植物十分耐旱，在沙漠里、戈壁上都能顽强生长，这全靠它们有一身适应环境的本领。当土壤和空气潮湿时，它们可以直接吸水；当空气干燥时，它们体内的水分迅速蒸腾散失，但原生质并未淤固，而是处于休眠状态。有的种类能忍受风干数年，一旦获得水分，便可立即恢复生命状态，积极生长，令人佩服。

仙人掌

生长在干旱环境里的仙人掌有一种特殊的本领。在干旱季节，它可以不吃不喝，把体内的养料与水分的消耗降到最低程度。当雨季来临时，它的根系立刻活跃起来，大量吸收水分，使植株迅速生长并很快地开花结果。

植物名片

中文名： 仙人掌
别称： 仙巴掌、霸王树、火焰、火掌、牛舌头
所属科目： 仙人掌科、仙人掌属
分布区域： 南美、非洲、中国、东南亚等地

仙人掌表面有层蜡质，叶子进化成针状，缩小了外表面积，从而减少了水分蒸腾。仙人掌的树干充当水库，根据其蓄水的多少可以进行膨胀和收缩，而上面的叶绿素代替了叶片进行光合作用。皮上的蜡质保护层可以保存湿气，减少水分流失。尖尖的刺可以防止口渴的动物把它当成免费饮料。仙人掌的根都很浅，只扎在地下一点点，但根系

分布却能扩展到它周围一两米的区域，以便尽可能地多吸水。当下雨时，仙人掌会生出更多的根。当干旱时，它的根会枯萎、脱落，以保存水分。仙人掌以它那奇妙的结构、惊人的耐旱能力和顽强的生命力，而深受人们的赏识。

种类繁多

仙人掌科植物是个大家族，它的成员至少有2000多种。墨西哥分布的种类最多，素有“仙人掌王国”之称。在这里，仙人掌被誉为“仙桃”。

求生本领

原始的仙人掌类植物其实是有叶的。它们原来分布在不太干旱的地区，外形和普通的植物并没有多大的区别。但由于气候的变化，原来湿润的地区变得越来越干旱，它们为了适应环境以求生存而不得不改变了形态。

观赏价值

别看仙人掌长得奇形怪状，还有锐利的尖刺，令人望而生畏，但它们开出的花朵却分外娇艳，花色也丰富多彩。如长鞭状的“月夜皇后”可以开出的白色大型花朵，直径可达50～60厘米，而形状、颜色各不相同的刺丛与绒毛也受到许多观赏者的喜爱。

仙人掌开花啦

你知道吗

仙人掌被称为“夜间氧吧”，因为它的呼吸多在晚上比较凉爽、潮湿时进行。不仅如此，仙人掌还是吸附灰尘的高手呢！在室内放置一棵仙人掌，特别是水培仙人掌，可以起到净化空气的作用。

胡杨

胡杨也是不怕热的植物，能够忍耐45摄氏度的高温。它多生长在沙漠中，不仅能抗热，还能抵抗干旱、盐碱和风沙等恶劣环境，对温度大幅度变化的适应能力也很强。由于它生长所需的水分主要来自于潜水或河流泛滥水，所以它具有伸展到浅水层附近的根系、强大的根压和含碳酸氢钠的树叶。我们可以根据胡杨生长的痕迹就能判断沙漠里哪里有或曾有水源，而且还能判断出水位的高低。因为胡杨靠着根系的保障，只要地下水位不低于4米，它就能生活得很自在；而在地下水位跌到6～9米后，就会显得萎靡不振了；地下水位如果再低下去，它就会死亡。

植物名片

中文名：胡杨
别称：胡桐、英雄树、异叶胡杨、异叶杨、水桐
所属科目：杨柳科、杨属
分布区域：中国西北大漠及其他干旱沙化区

沙漠守护神

身形壮美

胡杨天生就能忍受荒漠中干旱的环境。长大后，它能长成直径达 1.5 米、高 10 ~ 15 米的大树，树干通直，木质纤细柔软。胡杨树的树叶阔大清香，但因生长在极旱荒漠区，为适应干旱环境，生长在幼树嫩枝上的叶片狭长如柳，大树老枝条上的叶却圆润如杨，极为奇特。

秋天染黄了胡杨的叶子

沙漠守护神

胡杨林是荒漠区特有的珍贵森林资源，它不仅能防风固沙，创造适宜的绿洲气候，还能形成肥沃的森林土壤，因此，胡杨被人们誉为“沙漠守护神”。

生命之魂

胡杨，是生活在沙漠中的唯一的乔木树种，它见证了中国西北干旱区走向荒漠化的过程。虽然现在它已退缩至沙漠河岸地带，但仍然被称为“死亡之海”的沙漠的生命之魂。

你知道吗

胡杨是沙漠宝树。它的木料耐水抗腐，历千年而不朽，是上等的建筑和家具用材，楼兰、尼雅等沙漠故城的胡杨建材至今保存完好；胡杨树叶富含蛋白质和盐类，是牲畜越冬的上好饲料；胡杨木纤维长，是造纸的好原料，枯枝则是上等的燃料；胡杨的嫩枝是荒漠区的重要饲料；叶和花均可入药。

瓶子树

瓶子树原产于南美，主要分布在南美洲的巴西高原上。到了雨季，在瓶子树高高的树顶上生出许多稀疏的枝条和心脏形的叶片，好像一个大萝卜。当雨季一过，旱季来临，绿叶纷纷凋零，红花却陆续开放，一棵棵瓶子树又变成了插有红花的特大花瓶。

瓶子树之所以长成这种奇特的模样，跟它生活的环境有关。巴西北部的亚马孙河流域，天气十分炎热，下雨的时候比较少。为了与这种环境相适应，瓶子树只能在旱季落叶，雨季萌出稀少的新叶，这都是为减少体内水分的蒸发才不得已而为之的。瓶子树的根

植物名片

中文名：瓶子树
别称：佛肚树、纺锤树、萝卜树、酒瓶树
所属科目：木棉科、瓶树属
分布区域：澳大利亚、中国等地

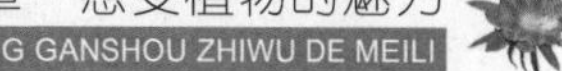

系特别发达，在雨季来到以后，它会尽量地吸收水分，贮存以备用，犹如一个绿色的水塔，这样，即使它在漫长的旱季中也不会因干枯而死。

贮存量

瓶子树两头细，中间膨大，最高可达30米，最粗的地方直径可达5米，里面最多能贮约2吨的水。

提供水源

瓶子树和旅人蕉一样，可以为荒漠上的旅行者提供水源。人们只要在树上挖个小孔，清新解渴的“饮料”便可源源不断地流出来。

绿色的水塔

骆驼刺

骆驼刺的茎上长着刺状的很坚硬的小绿叶，所以叫作骆驼刺，它被誉为“沙漠勇士”。

植物名片

中文名： 骆驼刺
别称： 骆驼草
所属科目： 豆科、骆驼刺属
分布区域： 宁夏、新疆、甘肃等地

在茫茫戈壁滩上，无论生态系统多么脆弱，生存环境如何恶劣，骆驼刺都能顽强地生存下来并扩大自己的生存范围。为了适应干旱的环境，骆驼刺尽量使自己的地面部分长得矮小，将庞大的根系深深扎入地下，据说它的根系面积是地表上茎叶半球面积的两到三倍。它们只要在多雨的季节里吸足了水分，这一年的生命之需就都不用愁了。如此发达的地

下根系能在很大的范围内寻找水源，吸收水分；而矮小的地面部分又能有效地减少水分蒸腾，这就是骆驼刺能在干旱的沙漠中生存下来的原因。骆驼刺往往长成半球状，大的一簇直径有 1、2 米，一般的一丛直径也有半米左右，小的星星点点分布，不计其数，望不到边，几乎霸占了整个沙漠。

骆驼刺的果实

生态价值

骆驼刺是骆驼在沙漠中不可缺少的食物补给物。骆驼刺的存在与生长对于维护其生长地脆弱的生态系统有着重要的价值。

防沙卫士

骆驼刺具有抗寒、抗旱、耐盐和抗风沙的特性，并具有适应性强、分布广、面积大的特点，在防止土地遭受风沙侵蚀方面具有非常重要的作用。

戈壁滩上顽强生长的骆驼刺

骆驼刺是骆驼的美食

你知道吗

骆驼刺能分泌出糖类物质，干燥后收集的“刺糖”可用于治疗腹痛腹胀、痢疾腹泻，也是一种滋补强身、平衡体液和异常胆液质的民间用药，在唐朝唐玄宗时期曾作为贡品，被称为“刺蜜”。

对付敌人有高招

现在地球上约有 50 万种植物。它们看上去是不能动的，似乎只能任凭敌人侵害和蚕食，丝毫没有抵抗能力。其实不然，这些经过大自然优胜劣汰和人工培育而生存下来的植物，不仅有抵御不利环境的能力，而且它们的自卫能力还真是千奇百怪呢！

芸香

芸香，原产于欧亚及加那利群岛，是一种具有浓郁味道的木质草本植物。它的叶常绿，夏季开出一朵朵暗黄色、成簇的花，复叶具有苦味。落地栽种的芸香可长到 1 米高，各部位都有浓烈特殊的气味。这种气味的来源就是叶子上密密麻麻的半透明腺点。腺体在光照下慢慢膨胀，只要谁碰到它们，那浓烈的气味就会从腺点里散发出来。这种浓郁的气味虽然难闻，却可入药，有驱风、通经的功效，更有杀虫、驱蝇的作用。芸香用这种臭味来赶走敌人，达到防御的目的。

植物名片

中文名：芸香
别称：七里香、香草、芸香草、小香茅草、野芸香草等
所属科目：芸香科、芸香属
分布区域：中国

芸香叶子是特殊气味的来源

由于芸香特有的味道对于蚊虫能起到防御的作用，因此许多图书馆仍然使用芸香来保护珍贵的典籍和纸类藏品。此外，芸香还可用作香料及药物。

种植方法

芸香的栽培以日照充足、通风良好、排水良好的沙质壤土或土质深厚壤土为佳。春天时直接播下种子或是用插枝的方式栽培，每季施肥一次，再加以适时地浇水、修剪就可以生长得很好。

药用价值

芸香的枝及叶均可用作草药，有清热解毒、凉血散瘀的功效，可以治疗感冒发热、风火牙痛、头痛，跌打扭伤，小儿急性支气管炎和支气管黏膜炎。

一只蜜蜂飞过一丛芸香花

你知道吗

芸香草是中国古代最常用的一种书籍防虫药草，“书香”最早的由来，就是因为芸香散发出的香味能杀死书虫，爱书如命的读书人就把芸香草夹在书中，对其飘散出的缕缕香气称为“书香”。最早记载这种草的是《礼记》：“（仲冬之月）芸始生。”郑玄注曰：“芸，香草也。”

马勃

在南美洲大森林中，有一种外形长得像南瓜的植物，当地人称它为“马勃菌”。这种菌每株重达5公斤以上，里面长着很多黑色的孢子，孢子成熟后，就从马勃菌顶部的小孔中慢慢散出，随风传播。假如你不留心碰了它一下，这“南瓜”会立刻爆裂，其中的孢子也即刻散出，并冒出一股特别刺鼻的黑烟，使人睁不开眼睛，而且鼻孔和喉咙都会感觉奇痒难受。当地曾有这样一个传说，本地土著在一次反抗外来侵略者的掠夺时，曾把侵略者引进长满马勃菌的地带。侵略者在追赶时，踢翻了一个个“南瓜”，顿时四处浓烟滚滚，看不清东西南北。敌人以为踩上了毒气地雷，一个个吓得晕头转向、抱头鼠窜。

植物名片

中文名： 马勃
别称： 马粪包、牛屎菇、马蹄包、马屁泡
所属科目： 马勃菌科、马勃属
分布区域： 南美洲、非洲等地区，中国等地

马勃菌放出的黑烟究竟是什么东西呢？原来是马勃菌繁殖用的粉状孢子。当孢子囊被碰破时，这些黑色的粉状孢子便四处喷散，发挥了催泪弹的作用，而马勃菌也就此得到了繁殖。这是聪明的马勃菌保护自己和繁衍后代“一举两得”的措施。

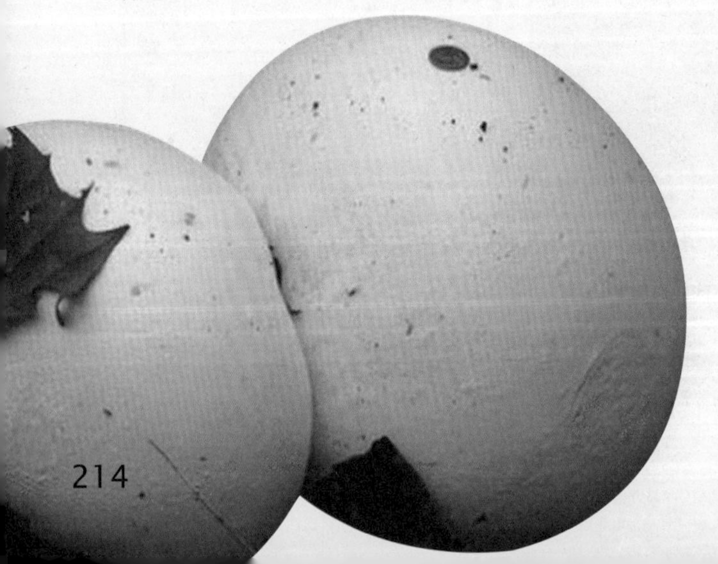

生长环境

马勃一般生长在地下的枯枝落叶层中，喜欢高温、潮湿的环境，因此一般多出现在雨水丰沛的7、8月份，只适合生存在生态环境较好的山区或半山区。

食用价值

马勃在没有完全成熟时，内部是白色带黏性的肉质，可以当菜吃。

营养功效

马勃中含蛋白氨基酸、干酪基酸、类脂质、马勃素等，还含有磷酸钠、铝、镁、硅酸、硫酸盐等。

你知道吗

马勃作为中药，可以用来治疗慢性扁桃腺炎、喉炎、鼻出血等。最近，科学家还发现马勃有抗癌作用。然而，人们要是去采摘马勃说不定还要因它的“自卫”而付出流泪的代价。

沙盒树

武器中，炸弹的威力可不小。那你知道植物中的“炸弹”是什么吗？这就是沙盒树。沙盒树生长在墨西哥山区，被当地人称为“炸弹树”。它的果实有如南瓜般，成熟的果实会自动“爆炸”，发出震耳欲聋的巨大响声，其爆炸力相当于一枚小型手榴弹！爆炸发生时，锋利的、呈锯齿状的果壳碎片和种子就像弹片一样飞散开来，可以说是自然界中威力最大的植物“武器”。被炸开的有些外壳碎片甚至能飞出20多米远。爆炸后，人们经常会在附近发现被炸死的动物尸体。

植物名片

中文名：沙盒树
别称：炸弹树、响盒子、洋红、猴枪
所属科目：大戟科常绿乔木
分布区域：南美洲、亚马孙热带雨林、秘鲁、玻利维亚等地

在南美洲，成年的沙盒树上结满了果实，可是当地居民谁也不敢采摘树上的果实，也不敢把房屋建在它附近，过路的行人也不敢靠近它，生怕自己“中弹”。因为那些挂在树上的果实，就像是一颗颗定时炸弹，人或动物一接触，它就会爆炸，就像树上有猴子在打手枪，所以沙盒树的英文别称也叫“猴子的手枪”。

用作燃料

沙盒树分泌出的汁液可以直接用作汽车燃料。这种树非常粗壮，树干周长可达1米。当地人只要在树上钻些小孔，就可以从每棵树上收取15—20升的汁液。经科学家分析，这种汁液里含有大量的烃类化合物。如果有人拿着火把走近这些树，这种树可真的就变成一枚炸弹了。

开花结果

“炸弹树”夏季开花繁多，秋季少量开花，花萼是焰苞状，结出的果实十分坚硬，比椰子还要坚硬许多。在南美地区，“炸弹树”花朵的授粉都是由蝙蝠完成的。

毒性很强

沙盒树的种子有剧毒，误服会造成严重的呕吐、腹泻、心跳加速。一次口服种子两粒以上，会造成痉挛甚至死亡。其树汁可引起皮肤痒痛，眼睛刺痛，严重者可能暂时性失明。

你知道吗

在原生地，渔民们使用沙盒树的乳白色树汁来毒鱼。加勒比地区的人们用它的汁液制造狩猎毒箭。其木材可用于制造家具。

皂荚

棘、刺、毛是植物自身防御的武器。皂荚，一种落叶乔木，树干上长满了皂荚刺。皂荚刺粗壮而具有分枝，是由枝条变态形成的，称为枝刺。冬天，奉献了果实皂角的皂荚树敞开胸怀，将自己毫不掩饰地袒露出来，树干和枝条上布满了一簇一簇黑褐色的、锐利的大枝刺。皂荚刺短的有一寸多，长的有四五寸，它们是皂角树用来自卫的武器。这些或长或短的刺，外形有几分狰狞，几分咄咄逼人，猴子不敢攀爬，连厚皮的大野兽也不敢去碰它。

植物名片

中文名：皂荚
别称：皂荚树、皂角、猪牙皂、牙皂
所属科目：豆科、皂荚属
分布区域：中国

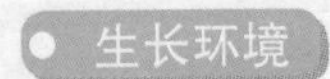

生长环境

皂荚喜光而稍耐阴，喜欢温暖湿润的气候及深厚肥沃的土壤。但它对土壤要求不严，即使在石灰质及盐碱甚至黏土、砂土

上也能正常生长。

生长缓慢

皂荚生长速度慢但寿命很长，可达六七百年，属于深根性树种。它需要6～8年的营养生长才能开花结果，但是其结实期可长达数百年。

当肥皂用

在南朝乐府民歌《西洲曲》“日暮伯劳飞，风吹乌臼树”的诗句中，“乌臼树”即为皂荚树。困难时期用皂角当肥皂的历史，许多人依然记忆犹新。皂角富含皂素，可供洗濯之用，是肥皂的代用品，妇孺皆知，延续至今，因此保存下来许多古树。

你知道吗

皂荚树的荚果、种子、枝刺等均可入药。荚果入药可祛痰、利尿；种子入药可治癣和通便秘；皂刺入药可活血并治疮癣。皂荚的根、茎、叶可用于生产清热解毒的中药口服液。

橡树

橡树除了橡实，叶子也是昆虫的食物，一棵高大的橡树能够一口气喂饱多达40万只的毛毛虫。为了保护自己不受昆虫侵害，橡树会分泌出带苦味的化学物质——单宁酸，用来驱退昆虫，并迅速长出新芽苞。

植物名片

中文名：橡树
别称：栎树、柞树
所属科目：壳斗科、栎属
分布区域：世界各地

1981年，美国东部的一片橡树林遭到了一场虫灾，一种叫舞毒蛾的森林害虫大肆蔓延。可是，时隔不到一年，当地的舞毒蛾突然销声匿迹。橡树林又恢复了春色，叶子郁郁葱葱，生机盎然。原来，橡树在遭受舞毒蛾咬食之后，橡树叶子里的单宁酸成倍地增长。含有单宁酸的橡树叶在舞毒蛾胃里难以消化，于是它们无力再啃食

橡树林

橡树叶，便慢慢死去，从此不再威胁橡树林。

橡树果

生命周期

橡树的生命期很长。研究发现，位于美国加州的一棵橡树已经生存了至少 1.3 万年，可能是世界上已知最为古老的活生物。

艰难长大

橡实

橡实是橡树的果实，长在树枝末端的碗状壳斗里。橡实具有坚硬的外壳，可以保护里面柔软的种子。平均每100万颗橡实中，只有一颗能存活，并长成大树；其余的都成了昆虫、松鼠或松鸦等动物的点心；就算橡实已经落地生根，也仍有可能被吃掉或被踩碎。小橡实要长成一棵茁壮的大树，真是必须度过重重艰难险阻啊！

木质价值

橡树的木质内部充斥着许多蜂窝状结构，蜂窝的内部饱含空气，所以软木的弹性很好，再加上它具有防潮、防虫蛀的功效，所以人们常用它来盛放葡萄酒，这样可以保证在阴暗潮湿的酒窖中葡萄酒不会随着岁月一同流逝。

你知道吗

在欧美，橡树被视为神秘之树。许多国家将橡树视为圣树，认为它具有魔力，是长寿、强壮和骄傲的象征。橡树材质坚硬，树冠宽大，有“森林之王”的美称。

用橡木做的酒桶防潮、防虫效果很好

生生世世都要缠着你

缠绕植物的茎大都因为细长而不能直立，于是这些聪明的植物便依靠自身缠绕支持物向上延伸生长。它们还常常被人们用来形容男女间忠贞不渝的爱情呢。

紫藤

> **植物名片**
>
> **中文名：**紫藤
> **别称：**朱藤、招藤、招豆藤、藤萝
> **所属科目：**豆科、紫藤属
> **分布区域：**中国、朝鲜、日本等地

“紫藤挂云木，花蔓宜阳春。密叶隐歌鸟，香风留美人。”李白的这首诗生动地刻画出了紫藤优美的姿态和攀附的特性。

紫藤是一种落叶攀缘缠绕性大藤本植物，它的生长速度快，寿命长，缠绕能力也强，对其他植物有绞杀作用。紫藤的幼苗是灌木状的，成年后它的植株茎蔓蜿蜒屈曲，在主蔓基部发生缠绕性长枝，逆时针缠绕，能自缠 30 厘米以下的柱状物。人工养护时，人们不能让它无限制地自由缠绕，必须经常牵蔓、修剪、整形，控制藤蔓生长，否则它会长得不伦

国画中的紫藤

不类，既非藤状，也非树状，一旦出现此种形态，非但开花量会减少，甚至会多年不开花。只有养护好了，它才能开出繁盛的花朵，一串串紫色的花悬挂于绿叶藤蔓之间迎风摇曳，如一帘紫色的瀑布，十分美丽。

品种多样

紫藤花开了之后可半月不凋。常见的品种有多花紫藤、银藤、红玉藤、白玉藤、南京藤等。

绿化作用

紫藤对二氧化硫和氟化氢等有害气体有较强的抗性，对空气中的灰尘有吸附能力，在绿化中已得到广泛应用。它不仅可对环境起到绿化、美化效果，同时也发挥着增氧、降温、减尘、减少噪声等作用。

你知道吗

在河南、山东、河北一带，人们常采紫藤花蒸食，做出的食品清香味美。北京的“紫萝饼”和一些地方的“紫藤糕”“紫藤粥”及“炸紫藤鱼”“凉拌葛花”“炒葛花菜”等，都是加入了紫藤花做成的。

紫萝饼

牵牛花

牵牛花有个俗名叫“勤娘子”，顾名思义，它是一种很“勤劳”的花。当公鸡刚啼头遍，时针还指在“4”字上下的地方时，绕篱攀架的牵牛花枝头，就开放出一朵朵喇叭似的花来。晨曦中，人们一边呼吸着清新的空气，一边观赏着点缀于绿叶丛中的牵牛花，真是别有一番情趣。

植物名片

中文名：牵牛花
别称：喇叭花、朝颜花
所属科目：旋花科、牵牛属
分布区域：温带及热带地区

牵牛花喜欢生长在气候温和、光照充足、通风适度的地方，它对土壤的适应性比较强，较耐干旱盐碱，不怕高温酷暑，喜欢把根扎在深厚的土壤下面 。牵牛花的茎比较纤细，长度可达 3 至 4 米。它是左旋植物，人们常依照它的盘旋方向搭架，让它更好地向上生长。牵牛花的颜色有蓝、绯红、桃红、紫等，也有混色的，花瓣边缘的变化较多。花期一般在 6 月至 10 月，大都朝开午谢，是常见的观赏植物。

大花牵牛

牵牛花有 60 多种，当前流行的是大花牵牛。它叶大，柄长，花也大，花茎

混色牵牛花

蓝色牵牛花

白色牵牛花

可达 10 厘米或更长，原产于亚洲和非洲热带。这种牵牛花在日本栽培最盛，称朝颜花，并被选育出众多园艺品种，花色丰富多彩，在各地广为流行。

美化庭院

牵牛花一直是我们熟悉和喜爱的家常花卉，用它来点缀屋前、屋后、篱笆、墙垣、亭廊和花架，赏心悦目。没有庭院的家庭，也可以在阳台牵以绳索，使其缠绕而上，构成一片花海，十分美艳。

药用价值

牵牛花的药用价值较高，作为中药用的主要是牵牛花的种子——“牵牛子”。黑色的牵牛子叫“黑丑”，米黄色的叫“白丑”。入药多用黑丑，有泻水利尿之功效，主治水肿腹胀、大小便不利等症。

牵牛子

你知道吗

牵牛花的名称由来有两个说法：一是根据唐慎微《证类本草》记载，有一农夫因为服用牵牛子而治好了痼疾，感激之余牵着自家的水牛，到田间蔓生牵牛花的地方谢恩；另一种说法是因为牵牛花的花朵内有星形花纹，花期又与牛郎织女相会的日期相同，故而称之。

茑萝

植物名片

中文名：茑萝
别称：密萝松、五角星花、狮子草
所属科目：旋花科、番薯属
分布区域：温带及热带地区

茑萝与牵牛花同为旋花科一年生藤本花卉，花期几乎与牵牛花同始终，但因其植株纤小，所以不像牵牛花那样多布置于高架高篱，它一般用于布置矮垣短篱，或绿化阳台。它细长光滑又柔软的蔓生茎，可长达4～5米，极富攀缘性，是理想的绿篱植物。当绿叶满架时，只见翠羽层层，娇嫩轻盈，如笼绿烟，如披碧纱，随风拂动，倩影翩翩。花开时节，茑萝的花形虽小，但五角星形的花朵星星点点地散布在绿叶丛中，煞是动人。过去常有花匠用竹子编成狮子形状，让茑萝缠绕蔓延在上面，像一头绿狮，栩栩如生，别有佳趣。根据茑萝的这一攀爬特性，人们常给茑萝搭架，做成各种造型。

开放的茑萝像一颗红五星

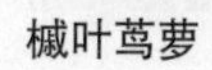

槭叶茑萝

羽叶茑萝

圆叶茑萝

栽培广泛

茑萝原产于热带美洲，现在遍布全球温带及热带，我国也广泛栽培，是美丽的庭园观赏植物。

茑萝种类

茑萝是按照叶片的形状起名的，如叶片似羽状的叫羽叶茑萝。用于观赏的主要种类有羽叶茑萝、槭叶茑萝和圆叶茑萝等。

槭叶茑萝的叶

生长环境

虽然茑萝对土壤的要求不高，撒籽在湿土上就可以发芽，但如果有充足的阳光、湿润肥沃的土壤，它开的花就会更多。盆栽的时候如果为它支起架子，供其缠绕，花朵在架子上会显得更加纤秀美丽。

茑萝全株均可入药，有清热、解毒、消肿的功效，对治疗发热感冒、痈疮肿毒有一定的效果。

我们不怕冷

当严寒到来，许多动物都会加厚它们的“皮袍子”，或者干脆钻到温暖的地方去睡觉，但有不少植物却依旧精神抖擞、若无其事地裸露着它们的身子，好像并没有感觉到严寒的来临。难道这些植物真的对严寒无动于衷吗？

雪莲花

雪莲花不但是难得一见的奇花异草，也是举世闻名的珍稀药材。它生长在高山积雪岩峰中，对高山大风、超低气温、强烈光线都毫不畏惧。

植物名片

中文名：雪莲花
别称：大苞雪莲、荷莲、优钵罗花
所属科目：菊科、风毛菊属
分布区域：新疆、西藏、青海、甘肃等地

雪莲的根茎粗壮，茎和叶上都密密麻麻地生长着白色棉毛。这些白色棉毛相互交织，形成了无数的“小室”，室中的气体难以与外界交换，白天在阳光的照射下，比周围的土壤和空气所吸收的热量要多，而绵毛层又可使雪莲花避免遭到强烈辐射的伤害。另外，密集生长于茎端的头状花序两面被长棉毛的叶片包封，好像为雪莲花穿上了一件白绒衣，以保证雪莲花在寒冷的高山环境下顺利地传宗接代。

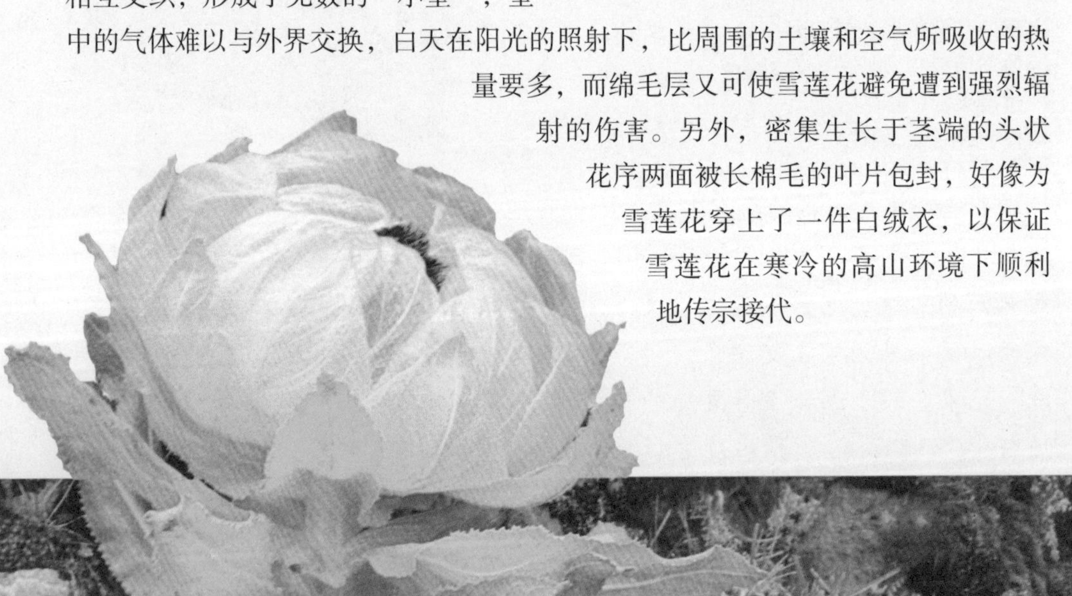

冰雪美人

每年7月中旬，雪莲花的紫红色筒状小花竞相开放，形成一团团艳丽的大花蕊，在周围宽大的膜质苞叶的衬托下，真像一朵伴着残冰和积雪盛开在冰山上的“冰雪美人”。

生长速度

雪莲花在生长期不到2个月的时间里，身高却能是其他植物的5～7倍！它虽然要5年才能开花，但实际生长时间只有8个月，这在生物学上是相当独特的。

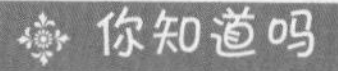

你知道吗

雪莲分布于我国西北部的高寒山地，是一种高疗效药用植物，但由于人类的过度采挖，雪莲花又生长缓慢，现已非常稀少。如不采取有效措施，严加保护，照现在这种速度采挖下去，不出10年，雪莲花就会灭绝。

药用价值

雪莲花早在清代医学家赵学敏所著的《本草纲目拾遗》中就有记载，它是藏族、蒙古族、维吾尔族等民族的常用药。

被制成雪莲花茶

冰凌花

破冰而出的冰凌花

冰凌花的开放时间，正是冬末春初冰雪尚未消融的寒冷时节，在大多数植物还没有萌生时，它就用柔弱的身躯，钻透铁板一般的冻土，傲然独放。它那金灿灿的花朵如稚嫩的笑脸，打破隆冬留给人们的沉寂，预报着春将到来的消息。

冰凌花之所以能在雪地绽放，主要是因为它的紫色花茎很粗壮，能长到1.5 ~ 4 厘米高，上面有绒毛，为抵抗严寒起了很大的作用。冰凌花由于植株矮小，所以能在渐渐融化的雪下萌芽，当春天来到，土壤中的营养成分就源源不断地提供给冰凌花，金黄色的小花在盛开约 10 天后凋谢，花期过后，才会有三角形的呈羽状的叶子长成。由于冰凌花是种子繁殖，种子发芽、长成植株到开花，需要很多年的时间，这也是它珍贵的原因之一。

植物名片

中文名： 冰凌花
别称： 顶冰花、福寿草、福寿花、元日草、早春花
所属科目： 百合科、顶冰花属
分布区域： 中国东北、韩国、日本、西伯利亚等地

日光下，冰凌花盛开在晶莹的冰雪中

生长环境

冰凌花极耐严寒，每年三月雪未化尽时开放。它只生长在冰雪丰沃的地区和人迹罕至的山林，是一种稀缺的植物资源。

观赏性强

冰凌花有很高的观赏价值，在北方常用作花坛、花径、草地边缘或假山岩石园的配置材料，也可盆栽观赏。

悠久历史

由于具有独特的生活习性，冰凌花在北方冬末春初时节有很高的观赏价值。早在几千年前我国的周代，居住在黑龙江流域的少数民族就把它作为奇花异草，向周天子进贡。

冰凌花的特写照片

你知道吗

冰凌花是可以入药的。它含有强心苷和非强心苷成分，具有强心、镇静和减缓心率等作用。服用冰凌花制剂时一定要遵医嘱，因为它的成分含有剧毒，如果误用会造成呕吐、腹痛等症状，严重的可能会危及生命。

北极地衣

植物名片

中文名： 北极地衣
别称： 无
所属科目： 藻类植物门
分布区域： 北极地区

在北极冻土带，你无法看到高耸的树木和遍地的野花，但是当你趴在地上，你就会发现一片迷人的，由袖珍生命构成的森林——北极地衣。地衣是一种真菌和一种水藻在具有象征性亲属关系的共同体中一起成长而产生的。这就是说，真菌和水藻都在为这个生物体的存活做出贡献。真菌为这个生物共同体提供结构，而水藻则负责进行光合作用并提供食物。

北极地衣是北极最典型的低等植物，其寿命最长可达400年。北极环境的特殊性也造就了地衣的物种独特性和基因资源独特性。北极地衣适应了极地的寒冷环境，形成了各种代谢水平和分子水平的适应机制。它既没有真正的根，也没有茎和叶，在显微镜下显现的是菌类和蓝藻类的结合体。这两种植物分工合作，彼此受益。在干旱和严寒时期，北极地衣能够用休眠暂停活动以适应北极的高寒环境。

驯鹿食物

大型地衣是北极驯鹿冬季的主要食物来源，而北极驯鹿在北极地区的人类文化和经济生活中有不可替代的地位。

生态指标

北极地衣可以作为监测环境变化的生物指示物。对北极地衣的相关研究对监测北极生态环境变化，揭示地衣的低温抗逆性及发现相关抗寒基因具有重要意义。

占据面积

地衣是全球陆地生态系统的重要组成部分，占据了地表约 8% 的面积，并在北极陆地生态系统中占据主导地位，包括生物量和物种多样性两方面。其中就物种多样性而言，北极地衣占世界地衣的 6.5%。

① 微距下的地衣
② 岩石上的地衣
③ 高原上的地衣

北极苔藓

植物名片

中文名：北极苔藓
别称：无
所属科目：藓类植物
分布区域：北极

如果你走向北极，就会发现树木越来越矮小，越来越稀，最后竟然完全消失。在北极，矮小的灌木、地衣、苔藓占据了优势。在其他植物无法生存的地方，北极苔藓依然生机勃勃。

北极苔藓植株矮小，结构简单，紧紧贴住地面匍匐生长，这是抗风、保温及减少植物蒸腾作用的适应手段。冬季漫长而寒冷，北极苔藓的生长期每年只有 2 ~ 4 个月。在生长季节里，植物的根只能在地表大约 30 厘米的深度内自由伸展，30 厘米以下则是坚如磐石的永久性冻土层。北极苔藓能够分泌出一种液体，缓慢地溶解岩石表面，加速岩石的风化，加快土壤的形成，它们就像是北极地区的拓荒者。

苔藓上的小花装点着北极

北极植物

北极地区寒风凛冽，气候多变，冬季气温常在 -60 摄氏度以下，大部分地区属于永久冻土带。在这种极端环境下，北极地区依然有 900 多种开花植物，3000 多种地衣，500 多种苔藓在顽强生长。

冻原植被

北极冻原气候寒冷，冻原植被的显著特征之一，就是群落内苔藓植物十分发达。苔藓植物在冻原植被中常常成为群落的建群种或共建种。

北极柳

北极柳是匍匐生长着的一种柳树，根须发达，植株矮小，呈垫状或莲座状，以抵抗冬季的强风和严寒。北极柳既可以在气候较温和的地带生存，也可以在多雪的冰川地带生存。它可以在北极 –46 摄氏度 ~ –28 摄氏度的环境中很好地生存，是一种耐高寒植物。

植物名片

中文名： 北极柳
别称： 无
所属科目： 杨柳科、柳属
分布区域： 欧洲、北极、中国新疆等地

在北极，北极柳要在夏季 6 月中旬以后才开花，由于极昼时这里也很寒冷，它必须在 40 至 70 天的时间里发芽、开花和结果。但是由于极夜时没有阳光，植物不能进行光合作用，所以它的生长极其缓慢。这种小灌木是趴在地上的，一片可能就是一株，这样才能适应寒冷、风大地区的自然环境。北极柳相互交织，芽就在由植株形成的一个保护圈中生出，周围有很多苔藓保护芽发出来不受冻害。不光是北极柳，几乎所有北极植物都是垫状低矮的，这和它们生存的自然条件有关系。

花开特征

北极柳的花期在每年的 6 月 ~ 7 月，果期在 8 月。雄蕊数目较少，具有虫

顽强生长的北极柳

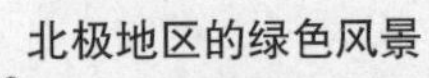

北极地区的绿色风景

花朵悄悄地探出了头

雪山附近，北极柳花儿开得正盛

媒花等特征，目前还没有人工引种栽培。

形成原因

北极地区是永久性的冻土层，地表的冰雪只有每年夏天才能融化薄薄的一层，即使到了夏季，这里的最高温度一般也不会超过5摄氏度，而且风很大，所以绝大多数植物都是草本植物，须根发达，植株矮小。

你知道吗

北极柳在光照时间短、气温极低、冰雪覆盖的自然条件下，生长极其缓慢，一年只能生长几毫米。

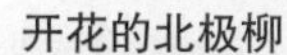
开花的北极柳

真真假假的伪装者

聪明的植物为了保护自己，想了个办法——拟态，也就是伪装。它们有的把自己伪装得恐怖些，以吓走要伤害自己的动物；有的把自己扮得像昆虫，吸引昆虫过来传粉。“伪装”是植物在长期进化过程中逐渐形成的本领，对于它们的生存与繁殖有重大意义。

石头花

在非洲南部及西南部干旱而多砾石的荒漠上，生长着一类极为奇特的拟态植物——石头花。它植株矮小，两片肉质叶呈圆形，在没开花时，简直就像一块块、一堆堆半埋在土里的碎石块。这些“小石块”呈灰绿色、灰棕色或棕黄色，有的上面镶嵌着一些深色的花纹，如同美丽的雨花石；有的则周身布满了深色斑点，就像花岗岩碎块。这些“小石块”不知骗过了多少旅行者的眼睛，又不知有多少食草动物对它们视而不见。

植物名片

中文名：石头花
别称：生石花、象蹄、元宝
所属科目：番杏科、生石花属
分布区域：南非及西南非洲干旱地区等

令人惊奇的是，每年的冬春季，都会有绚丽的花朵从“石缝”中开放。盛开时，一朵朵的石头花覆盖了荒漠，特别好看。然而当干旱的夏季来临时，荒漠上又是“碎石”的世界了。

外形特点

石头花的茎很短，常常看不见。叶肉质肥厚，两片对生联结而成为倒圆锥体，有“鞍”“球”“足袋”等形状。叶顶部花纹形如树枝，色彩美丽。石头花品种较多，各具特色。因其外形和颜色酷似彩色卵石，故被人们称为“活石子”或“卵石植物”。

特殊叶片

我们通常看到的石头花是它的一对叶子，这是一种变态的叶器官，不像其他大多数植物长着又薄又大的叶片。石头花的叶绿素藏在变了形的肥厚叶片内部。叶顶部有特殊的专为透光用的“窗户”，阳光只能从这里照进叶子内部。为了减弱太阳直射的强度，“窗户”上还带有颜色或具有花纹。

石头花开花

你知道吗

石头花具有抗旱的本领，体内有许多像海绵一样能贮存大量水分的细胞。在长期得不到水分补充时，石头花就依靠体内贮存的水分维持生命。当它大量失水时，植株会矮缩并产生皱纹。

家庭种植

目前市场上石头花的销量越来越好，人们都非常喜欢它小小的可爱模样。但是在养育期间，一定切记，幼苗成熟后要减少浇水，水量要把握好，宁少勿多。

珙桐

珙桐，是1000万年前新生代第三纪留下的孑遗植物，在第四纪冰川时期，大部分地区的珙桐相继灭绝，只在中国南方的一些地区幸存下来，成了植物界的“活化石”，被誉为“中国的鸽子树”，被列为国家一级重点保护野生植物，是全世界著名的观赏植物。

植物名片

中文名： 珙桐
别称： 水梨子、鸽子树、鸽子花树
所属科目： 山茱萸科、珙桐属
分布区域： 中国特有，已引入欧洲和北美洲

珙桐枝叶繁茂，叶大如桑，花极具特色，远观如一只只紫头白身的鸽子在枝头挥动双翼。不过，那“鸽子”的“双翼”并非花瓣，而是两片白而阔大的苞片。而紫色的“鸽子头”，则是由多朵雄花与一朵两性花或雌花组成的顶生头状花序，宛如一个长着眼睛和嘴巴的鸽子脑袋，而黄绿色的柱头像鸽子的喙。每到春末夏初，珙桐树含芳吐艳，一朵朵紫白色的花在绿叶间浮动，犹如千万只白鸽栖息在枝头，振翅欲飞，寓意“和平友好”。

生长环境

珙桐喜欢生长在海拔1500～2200米湿

润的常绿阔叶和落叶阔叶混交林中，喜欢中性或微酸性腐殖质深厚的土壤，喜欢空气阴湿的地方，成年后趋于喜光。

珍品木质

珙桐是国家8种一级重点保护植物中的珍品之一，为珍稀名贵的观赏植物。其材质沉重，为制作细木雕刻、名贵家具的优质木材。

生存危机

由于森林遭到砍伐破坏以及人们挖掘野生苗栽植，珙桐的数量逐年减少，分布范围也日益缩小，若不采取保护措施，有被其他阔叶树种更替的危险。

你知道吗

珙桐被称为“植物界的活化石”“植物界的大熊猫”“和平使者”。珙桐最初由法国神父戴维斯于1869年在四川穆坪发现，并由他采种移植到法国。在以后的近两个多世纪里，全世界广泛引种，大量栽植，珙桐成为世界十大观赏植物之一。

角蜂眉兰

角蜂眉兰，小巧而艳丽，像极了一只雌性的胡蜂，同时它还会模仿雌性胡蜂特有的气味，这让雄性胡蜂毫无抵抗力。每当春天来临，在地中海沿岸的草丛中，角蜂眉兰就相继开出小巧而艳丽的花朵，期待着雄蜂的到来。这种眉兰圆滚滚、毛茸茸的唇瓣由三枚花瓣的中间一枚特化而成，上面分布着棕色的花纹，和雌性胡蜂的身躯简直如出一辙。这时，一些先于雌胡蜂从蛹中钻出的雄胡蜂，正在到处寻找自己的另一半，误以为眉兰的唇瓣是一种雌蜂，便落在假配偶身上。于是，在眉兰唇瓣上方伸出的合蕊柱上的花粉块，正好粘在了雄蜂的头上。当求偶心切的雄蜂又被别的眉兰欺骗而再次上当时，又正好把花粉块送到了新“配偶”的柱头上。角蜂眉兰就是这样一次次地瞒过了可怜的雄胡蜂，达到传授花粉的目的。

植物名片

中文名：角蜂眉兰
别称：无
所属科目：兰科、眉兰属
分布区域：地中海沿岸地区

你知道吗

兰科植物被认为是被子植物中高度适应昆虫传粉的类群，在全世界已知的大约两万种兰科植物中，最著名的就是利用“伪装术”骗取昆虫为它“做媒”的眉兰属植物。

拟态行骗

眉兰属大约有十几种植物，主要分布在地中海周围的国家和地区。科学家多年的研究结果表明，这些眉兰都是通过拟态的手段来骗取“媒人”惠顾的。受骗的昆虫有黄蜂、蜜蜂和蝇类，甚至还有非昆虫的蜘蛛，但都是雄性，而且每一种眉兰都有一种特定的传粉者。

求爱信号

其实，眉兰不仅只通过对雌蜂或雌蝇等形体外表的模仿来达到引诱雄性个体为其传粉的目的，新的研究结果表明，每一种眉兰还能释放出与特定传粉者性信息素相似的化学物质，使雄性个体误认为是雌性个体向它发出了求爱信号，因此能在一定范围内准确地判断出“配偶”的位置，前去赴约。

水鬼蕉

水鬼蕉，又叫蜘蛛兰，它的名字来源于希腊语。你看它的花瓣细长细长的，而且分得很开，和蜘蛛的长腿还真挺像的，而花朵中间的部分就像是蜘蛛的身体。

水鬼蕉因为长得太像蜘蛛了，所以帮它传播花粉的是见到蜘蛛就会非常兴奋的节腹泥蜂。节腹泥蜂是一种见着蜘蛛就想用自已的毒针对它发起攻击的动物，但是它的眼神可不太好。节腹泥蜂发现水鬼蕉时，以为是蜘蛛，就拼命地对它进行攻击，直到发现这不是真正的蜘蛛才停下来。但是，节腹泥蜂的身上已经在刚才的“激战”中沾上了水鬼蕉的花粉，当它被下一朵水鬼蕉欺骗时，它就能把身上的花粉传播出去。水鬼蕉也因此完成了花粉的受精过程，说起来，

植物名片

中文名： 水鬼蕉
别称： 蜘蛛兰、蜘蛛百合
所属科目： 石蒜科、水鬼蕉属
分布区域： 菲律宾、缅甸、马来西亚、巴布亚、几内亚等国家的热带丛林

节腹泥蜂还成了水鬼蕉的“媒人”了呢。

生长条件

水鬼蕉有两大喜好：一是喜欢阳光，日照充足的条件下较容易开花；二是喜好湿润的气候，如果天气炎热，最好是经常给它喷水、浇水，为它创造出最好的生长环境。

奇特花朵

水鬼蕉一般在6月～7月开花，花开白色，花形别致，叶片更是姿态优美，玲珑有致。在温暖的地区，适合作盆栽观赏，也可用来布置庭院或花坛，既别致又漂亮。

你知道吗

美丽的水鬼蕉可以入药，因为它的鳞茎中含有石蒜碱和多花太仙碱等多种生物碱，有舒筋活血、消肿止痛的功效，可用于治疗跌打肿痛、初期痈肿、关节风湿痛、痔疮等症。

和动物做朋友

在这个地球上，动物、植物已经生生不息地生活了上亿年，它们之间有冤家也有朋友，动物欺负过植物，植物也攻击过动物。但是有些植物和动物却相安无事，甚至是互相帮助，友爱得很呢！

金鱼草

植物名片

中文名： 金鱼草
别称： 龙头花、狮子花、龙口花、洋彩雀
所属科目： 玄参科、金鱼草属
分布区域： 摩洛哥、葡萄牙、法国、土耳其、叙利亚等地

有一种植物因为长得很像金鱼，所以名叫金鱼草。金鱼草原产于遥远的地中海地区，因为它花色艳丽，所以常常被作为观赏植物栽培。

金鱼草和哪种动物最要好呢？没错，是蜜蜂。金鱼草的花冠呈筒状唇形，基部膨大成囊状，有上下唇，上下唇总是紧紧闭合着。雌蕊、雄蕊和蜜腺都在这紧闭的“嘴唇”里，有些昆虫想为它传粉，总碍于自身体形太大而无法进入到里面，只有蜜蜂的体形正好能进入花冠里面。蜜蜂以花蜜为食，而金鱼草的花蜜又最合蜜蜂的胃口。当蜜蜂进入花冠，它就能蹭到花药和柱头，所以它在别的金鱼草花冠里蹭到的花粉就正好能带到这朵花的柱头上。这样金鱼草就完成了异花传粉，蜜蜂也采到了花蜜，真是一举两得啊，所以金鱼草和蜜蜂是最好的合作伙伴。

一只蜜蜂正爬进金鱼草里

生长环境

金鱼草喜欢阳光，也能耐半阴；耐寒，但是不耐酷暑；适合生长在疏松肥沃、排水良好的土壤里，在石灰质土壤中也能正常生长。

园林必配

金鱼草在夏秋开花，在中国园林中广为栽种，适合群植于花坛，与百日草、矮牵牛、万寿菊、一串红等搭配种植效果更好。

多种功效

金鱼草也是一味中药，具有清热解毒、凉血消肿之功效。它也可榨油食用，营养健康。

马兜铃

马兜铃，因其成熟的果实如同挂于马颈下的响铃而得名。马兜铃在生长过程中也有自己的动物好朋友，那就是一些蝇类，如潜叶蝇。马兜铃花的形状如同一个漏斗，花缘部有一个“开口”；花的中部为管状，管内长满了向内的毛；花基部膨大像个球，球内是空腔。花基的空腔内底部有一突起物，突起物的上部为接受花粉的柱头。

植物名片

中文名：马兜铃
别称：水马香果、蛇参果、三角草、秋木香罐
所属科目：马兜铃科、马兜铃属
分布区域：中国、日本等地

马兜铃一般在清晨开花，开花后发出阵阵腐臭的气味，这臭味能吸引常常在腐败物上寻食的蝇类。它们钻到臭味最浓的花基部的空腔内吸蜜，可是由于如细管状的花中部内长满了向内的毛，所以它们是进入容易出去难，只能在里面爬呀爬，到处乱串。当它们碰到空腔里的柱头时，它们身上携带的另一朵马兜铃花的花粉就粘上去，这样就完成

你知道吗

马兜铃虽能治病，但它本身却含有强烈的致癌成分，因此不能自家种植，也不适宜作为园林植物。

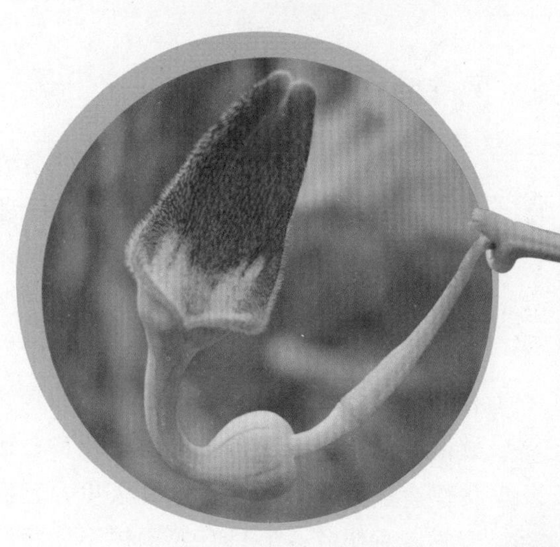

了异花授粉。第二天，花药开裂，散出的花粉又粘在它们身上。而这时，花中部的毛开始变软，萎缩，蝇类得以逃脱，又去给另一朵花授粉了。

生长环境

马兜铃生于海拔200～1500米的山谷、沟边、路旁阴湿处及山坡的灌丛中。它喜欢阳光，稍耐阴，喜欢砂质黄壤，耐寒，适应性很强。

药用价值

马兜铃可入药，有清肺降气、止咳平喘、清肠消痔的功效，其茎有理气、祛湿、活血止痛的功效，其根有行气止痛、解毒消肿的功效。

蚁栖树

在巴西的密林中，生长着一种桑科植物——蚁栖树，它的健康成长和一种小动物有着密不可分的关系，这就是阿兹特克蚁。

蚁栖树的叶子很像蓖麻，树干中空有节，很像竹子，但与竹子不同的是，蚁栖树的茎干上密布着很多小孔。在密林里有一种叫啮叶蚁的森林害虫，它们专吃各种树叶。但只有蚁栖树不受啮叶蚁的迫害，这全是把蚁栖树当作家的阿兹特克蚁的功劳。蚁栖树中空的躯干是益蚁温暖的家。每当有啮叶蚁前来侵犯它的家时，益蚁就团结起来，坚决把啮叶蚁给轰下树去，保护蚁栖树的树叶安然无恙。为了报答阿兹特克蚁对自己的保护，蚁栖树在每个叶柄的基部都长出一个叫“穆勒尔小体”的小球，这个小球里面有好多蛋白质和脂肪，能给益蚁提供丰富的营养。

植物名片

中文名：蚁栖树
别称：无
所属科目：桑科
分布区域：巴西

蚁栖树与阿兹特克蚁

共生关系

蚁栖树与阿兹特克蚁的这种相依为命的关系，称为“共生关系”，这在生物界里是一种很有趣的现象。

提供食物

有些小蚂蚁把巢筑在有鲜美果实的植物下。当植物的叶子下面长出一些小

小的蚜虫，这些蚜虫就成了蚂蚁最喜爱的食物，吃了它们，既填饱了自己的肚子，又保护了植物不受蚜虫的侵害。

帮助授粉

有些小蚂蚁还能帮助花朵授粉呢！它们闻到花香时，就不辞辛劳地爬到花朵上，去搬取花蜜，于是它们浑身都沾满了花粉。等它们再爬上另一朵花时，花朵的授粉也就完成了。

小心，它们有毒

你知道植物也会有毒吗？大自然中的一些植物为了保护自己，让自己充满毒性，入侵者或者误食者会被毒死。所以我们一旦遇见了这些植物，就要小心哪，它们有毒！

荨麻

> **植物名片**
>
> **中文名：**荨麻
> **别称：**蜇人草、咬人草、蝎子草
> **所属科目：**荨麻科、荨麻属
> **分布区域：**广泛分布于亚欧大陆

当你在林下沟边或者住宅旁阴湿的地方玩耍或劳作时，你可能会感到突然的刺痛，好像被蝎子蜇了一样，并且皮肤上还会出现红肿的小斑点，这些小斑点往往要过一段时间才能消退，这就是被荨麻蜇了的缘故。荨麻，俗称藿麻。它的茎叶上的蜇毛有毒性，人或动物一旦碰上就如被蜜蜂蜇了一般疼痛难忍。它的毒性能使皮肤在接触后立刻引起刺激性皮炎，产生瘙痒、严重灼伤、红肿等症状。被荨麻蜇后不用惊慌，马上用肥皂水冲洗，症状就可得到缓解。

研究表明，荨麻科植物之所以能蜇人，是植物体上的一种表皮毛在作怪。这种毛端部尖锐如刺，上半部分中间是空腔，基部是由许多细胞组成的腺体，这种腺体充满了毛端上部的空腔。人和动物一旦触及，刺毛尖端便断裂，放出蚁酸，刺激皮肤使其产生痛痒的感觉。可以说荨麻的这种行为是正当防卫，它能让食草动物望而生畏。

① 阴湿处的荨麻开得正盛

② 野外遇见荨麻一定要小心

生长环境

荨麻是喜阴植物，生命力旺盛，生长迅速，对土壤环境要求不高，喜温喜湿。它们一般生长在山坡、路旁或住宅旁的半阴湿处。

防盗设施

荨麻适合用作庭院、机关、企业、学校及果园、鱼塘的防盗设施。将荨麻的鲜株或干品放在粮仓或苗床周围，老鼠一见到它就立即逃之夭夭，所以它有“植物猫”之称。

经济价值

荨麻是很有经济价值的野生植物和农作物。荨麻的茎皮纤维韧性好，拉力强，光泽好，易染色，可作纺织原料。古代欧洲人很早就用它来纺织衣物，如《安徒生童话·野天鹅》中的艾丽莎就采荨麻为她的哥哥编织衣物。

你知道吗

国外十分重视对荨麻的研究和利用。荨麻的茎叶烹制加工成各种各样的菜肴，有凉拌、汤菜、烤菜，也可制成饮料和调料等。荨麻种子的蛋白质和脂肪含量接近大麻、向日葵和亚麻等油料作物。荨麻籽榨的油，味道独特，有强身健体的功能。

荨麻茶

水毒芹

植物名片

中文名：水毒芹
别称：野芹菜、白头翁、毒人参、芹叶钩吻、斑毒芹
所属科目：伞形科、毒芹属
分布区域：北美洲

有些植物十分厉害，它们同时拥有毒素和异味两种自卫“武器”。水毒芹就是这样，不仅有毒，而且还有难闻的气味，食草动物远远闻到它的气味就转向别处觅食了，很少去进攻它。

水毒芹，被美国农业部列为“北美地区毒性最强的植物”。水毒芹的根部位置有一种毒芹素，这种毒素能够破坏人的中枢神经。误食者将面临死亡的危险，食后不久即感觉口腔、咽喉部烧灼刺痛，随即会胸闷、头痛、恶心、呕吐、乏力、嗜睡；继而可能会慢慢因呼吸肌麻痹窒息而死。致死时间最短者数分钟，长者可达25小时。误食者即使幸运生存下来，也将面临健康状况长期低下的困扰，比如可能会患上失忆症等。

水毒芹细长的茎部充满了毒素汁液

西水毒芹

生长环境

水毒芹多生长于沼泽地、水边、沟旁、林下湿地处和低洼潮湿的草甸上。

致命的美丽

很多有毒的植物都异常美丽，水毒芹也不例外。它开出白色的小花朵，衬托着紫色条纹的叶子，显得美丽诱人。水毒芹的根为白色，所以很容易被野外劳作的人错当成欧洲防风草食用，这可是致命的。

毒性强度

水毒芹身高为 0.6 ~ 1.3 米，最高可以长到 1.8 米。水毒芹的气味令人难受，能麻痹运动神经，抑制延髓中枢。人中毒量为 30 ~ 60 毫克，致死量为 120 ~ 150 毫克；加热与干燥后可降低毒性。

开出白色花朵的水毒芹

你知道吗

水毒芹和毒芹是有所不同的。因毒死先哲苏格拉底而恶名远扬的毒芹含有毒芹碱，这种毒素能够让中毒者的呼吸系统陷入瘫痪，最终致人死亡。毒芹与水毒芹的共同点是，它们都是胡萝卜家族的成员。

鸢尾

植物名片
中文名： 鸢尾
别称： 乌鸢、扁竹花、屋顶鸢尾、蓝蝴蝶、紫蝴蝶
所属科目： 鸢尾科、鸢尾属
分布区域： 北非、西班牙、葡萄牙、黎巴嫩、中国等地

在中国的中南部，有一种开着美丽的花朵的植物，它们交错而生，散发出阵阵清香，就像一群蝴蝶，在风中翩翩起舞。它们有一个美丽的名字叫“鸢尾”。同时，它们还有一个令人胆寒的名字——毒蝴蝶。

鸢尾是多年生草本植物，根状茎粗壮，直径约1厘米，花大而美丽，一般呈蓝色或者紫色。在青翠欲滴的叶片的衬托下，鸢尾花像蝴蝶般轻盈。鸢尾的毒素来自整株，其中根、茎的毒性尤强。人如果误食了新鲜的根、茎部位，就会出现呕吐、腹泻、皮肤瘙痒、体温不断变化等症状，严重的还会造成胃肠道瘀血，危及生命。

入药治病

奇怪的是，鸢尾虽然毒性很强，却可以入药治病。因为它含有一种叫鸢尾苷元的物质，这种物质有清热解毒、利咽消痰的功效。

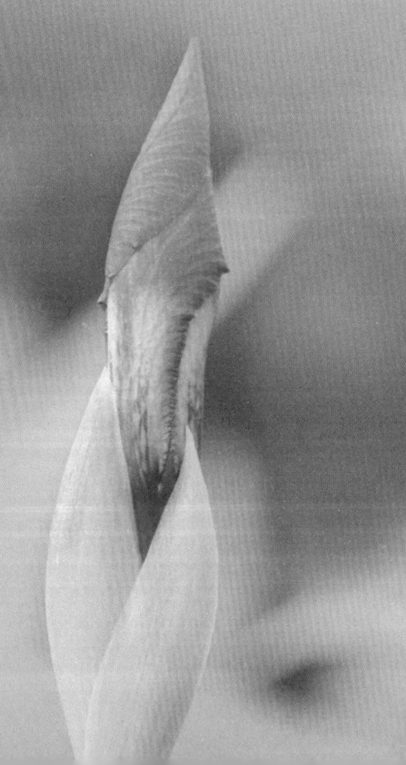

观赏价值

鸢尾叶片碧绿青翠，花色艳丽，花形大而奇，宛若翩翩彩蝶，是美化庭园的重要花卉之一，也是优美的盆花、切花和花坛用花，还可用作地被植物。国外有用此花做香水的习俗。

花名寓意

“鸢尾”之名来源于希腊语，意思是彩虹，指天上彩虹的颜色尽可在这个属的花朵中看到。鸢尾花在我国常用以象征爱情和友谊，还有着鹏程万里、前途无量的寓意。

①
② ③ 手绘鸢尾花

箭毒木

箭毒木又名见血封喉，是世界上最毒的树木，生长在海拔1500米以下的雨林中，高可达40米。在我国，箭毒木分布于云南西双版纳和海南儋州，是国家三级保护植物。箭毒木是一种剧毒植物和药用植物，它的乳白色汁液含有剧毒，人畜伤口一经接触，即会心脏停搏，心律失常，血管封闭，血液凝固，以至窒息死亡，所以人们又称它为“见血封喉”。对它的毒性，西双版纳民间有一种说法，叫作“七上八下九倒地”。

植物名片

中文名： 箭毒木
别称： 见血封喉
所属科目： 桑科、见血封喉属
分布区域： 中国西南部、印度、缅甸、越南、柬埔寨等地

箭毒木的树液有剧毒，树液由伤口进入人体内引起中毒，主要症状有肌肉松弛、心跳减缓，最后人心跳停止而死亡。动物中毒症状与人相似，中毒后20分钟至2小时内死亡。唯有红背竹竿草才可以解此毒。

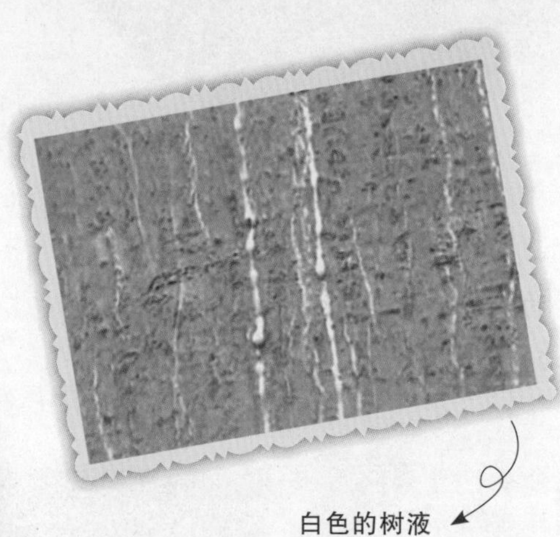
白色的树液是剧毒

它的种子

箭毒木的种子发芽率极高，更新能力强，容易繁殖。但种子寿命短，种子采集后，应随采随播，

高大的箭毒木

长成幼苗后给以适当遮阴，即可成活。

抗风力强

箭毒木可组成季节性雨林上层巨树，其根系发达，抗风力强，即使在风灾频繁的滨海台地，孤立木也不易因受风而倒，但往往长得较矮。

神奇药效

据分析，箭毒木树液的主要成分具有强心、增加心血输出量的功能。医药专家把树叶乳汁中的有效成分提取出来，发现毒素的治疗作用主要表现在治疗高血压、心脏病等方面。因此，箭毒木是一种有较好开发前景的药用植物。

用箭毒木树皮做成的上衣

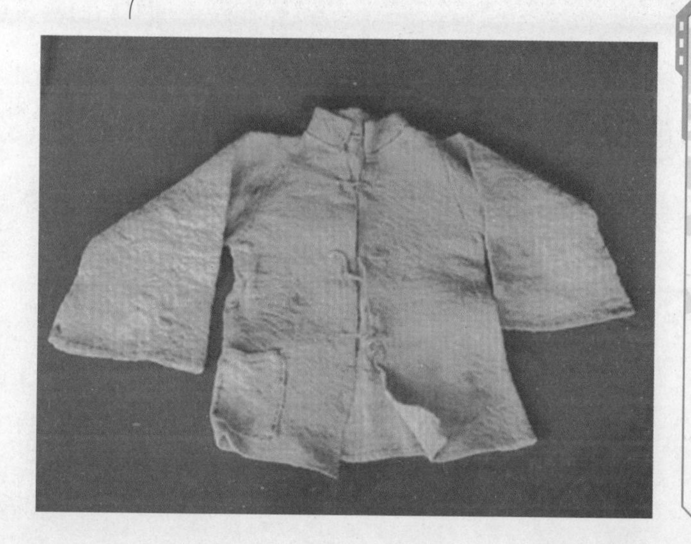

你知道吗

在云南，傣族和基诺族人用箭毒木做树毯、褥垫和衣服。他们先用木棍反复捶打树皮，使得树皮纤维和木质分开，然后将树皮纤维浸泡一个月左右，去除毒性，脱去胶质，再晒干就会得到洁白、厚实、柔软的纤维层。用它制作的床上褥垫，既舒适又耐用，具有很好的弹性；用它制作的衣服或筒裙，既轻柔又保暖，深受当地居民喜爱。

鸡母珠

“红豆生南国，春来发几枝。愿君多采撷，此物最相思。”相信很多人都会背诵这首诗，但你知道这相思豆是什么吗？你知道这美丽的小豆豆深藏剧毒吗？

植物名片

中文名：鸡母珠
别称：美人豆、相思子、相思豆、红珠木
所属科目：豆科、相思子属
分布区域：台湾、广东、广西、云南等地

鸡母珠，又名相思豆，是一种落叶缠绕性藤本植物，台湾中南部的山麓、河岸及原野有许多鸡母珠。鸡母珠有羽状的复叶，淡绿色的小叶有 8 ~ 12 对。荚果扁平椭圆，豆荚成熟后自动开裂，里面有 3 ~ 6 粒种子。这些种子非常漂亮，呈椭圆形，大部分呈鲜艳的红色，有的豆子三分之一为黑色，

鸡母珠的种子

像戴着一顶黑色的小礼帽。这美丽的小东西毒性很强，含有鸡母珠毒蛋白，人如果不小心吸入 3 微克左右，就会丧命。当然，鸡母珠的种子外壳还是很坚硬的，只要不被弄破，人就不会有危险；一旦它的外壳被刮破或损坏，人接触了就会有中毒的危险。

生长环境

鸡母珠喜欢生长在开阔向阳的河边、树林边缘或者荒地上，鸡母珠生长能力非常强，如果生长在没有人管理的地方，它甚至可以占据其他植物的生存空间，成为那片区域的霸主。

漂亮首饰

由于鸡母珠的种子非常漂亮，所以它们经常被人们制成首饰来佩戴。在一些宗教国家，人们常常会把它们制成念珠来使用。

你知道吗

用鸡母珠的种子制造首饰的人面临的危险要远远高于佩戴的人，常常会有制造者在为种子钻孔时因不小心刺伤手指而毙命。

看，我们有特异功能

万物皆有灵。植物虽然不会出声、不会走路，但它们却有灵性。从低等的菌藻类植物到高等的被子植物，植物界向世界展现着自己的独特。当你驻足在色彩斑斓的植物世界流连忘返时，是否也会为那些“超级植物”鲜为人知的特异功能而惊叹呢？

破坏森林的纵火花

森林是我们赖以生存的“天然氧吧”，一旦着火，就会毁坏大片树木，对地球的生态环境造成破坏。我们都知道森林着火的原因很多，比如雷电、生产着火等，还有一个原因却是森林会自己“莫名其妙”地着起火来。你知道谁是森林“纵火犯”吗？它是一种美丽的黄色花，它的名字叫纵火花，也叫“看林人”花。纵火花的茎叶和花蕊里含有许多挥发性芳香油脂，它散发的香味可以使人感到轻松愉快。也正是这种芳香油脂，在空气干燥、气候炎热时，就会大量地挥发出来。

植物名片

中文名：纵火花
别称：“看林人”花
所属科目：杜鹃花科
分布区域：南亚、南美洲等地

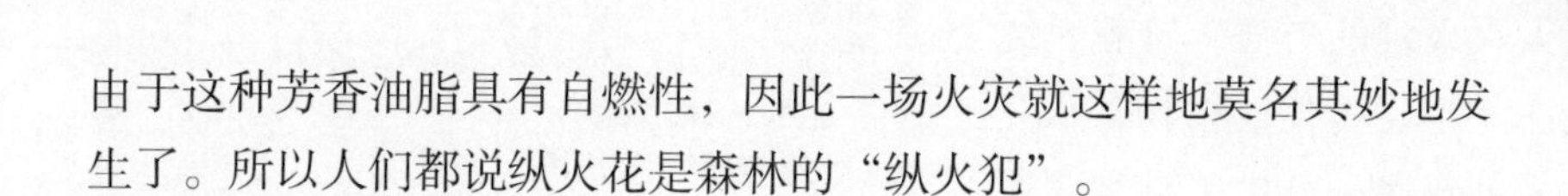

由于这种芳香油脂具有自燃性，因此一场火灾就这样地莫名其妙地发生了。所以人们都说纵火花是森林的“纵火犯”。

“犯罪”记录

曾经，某片森林里会经常出现大面积的火灾，为了揪出这个“纵火犯”，警方与园林机构展开了长时间的调查，最终都是无功而返。这件事情引起了一些科学家的兴趣，在他们的参与下，终于揪出了“凶手”——“看林人”花。

你知道吗

无独有偶，非洲赤道地区和西班牙有一种自焚树。它材质优良，很受当地人喜爱。当它长到十四五年时，树内就会分泌出许多低燃点的树脂，由于树脂的燃点很低，在骄阳的照射下，树脂常常被点燃，使自焚树变成一个巨大的火炬。一株大树1小时即会连枝带叶化成一堆灰烬。

烧不死的木荷

火灾是破坏森林植被的元凶，在与火魔长期的斗争中，人类探索出运用森林自身阻止大火蔓延的方法，这就是绿色植物阻隔法。担此重任的植物，从花草到树木，品种较多，其中一种名叫木荷的乔木备受人们青睐。

植物名片

中文名：木荷
别称：荷木、木艾树、何树、木和、回树、木荷柴等
所属科目：山茶科、木荷属
分布区域：浙江、福建、江西、湖南等地

木荷的防火本领表现在以下几个方面：一是它草质的树叶含水量达42%左右，也就是说，在它的树叶成分中，有将近一半是水，这种含水超群的特性，使它在防火方面具有不俗的表现；二是它树冠高大，叶子浓密，一排木荷树就像一堵高大的防火墙，能将熊熊大火阻断隔离；三是它有很强的适应性，它既能单独种植形成防火带，又能混生于松、杉、樟等林木之中，起到局部防燃阻火的作用；四是它木质坚硬，再生能力强，坚硬的木质增强了它的抗火能力，即使被烧过的地方，第二年也能长出新芽，恢复生机。

生长环境

木荷喜光，适应亚热带气候，对土壤适应性较强，在肥厚、湿润、疏松的沙壤土里会生长得更好。造林地宜选土壤比较深厚的山坡中部以下地带。

我国分布

木荷是我国南部及东南沿海各省常见的树种。在荒山灌丛中它是耐火的先锋树种；在海南海拔1000米上下的山地雨林里，它是上层大乔木，胸径达1米以上，有突出的板根。

你知道吗

木荷为中国植物图谱数据库收录的有毒植物，其毒性主要集中在茎皮和根皮。民间有人用木荷茎皮与草乌熬成汁，涂抹在箭头，用来猎杀野兽。生长在它上面的木耳也是有毒的，人接触后会产生红肿、发痒的症状。

会产奶的牛奶树

在动物中只有哺乳动物才能分泌乳汁，用奶汁哺育后代。稀奇的是，在植物中也有能产奶的树——牛奶树。

植物名片

中文名：牛奶树
别称：牛奶子、木牛、猪母茶、猪奶树等
所属科目：山矾科、山矾属
分布区域：中国、南美洲

牛奶树为灌木或小乔木，高3～5米。它是生活在南美洲亚马孙河流域的热带森林里的一种植物。每年干旱季节，用刀割开其树皮，就会有白色乳汁流出来，它的色、味与营养成分都跟牛奶相似。在牛奶树的原产地巴西，它被当地居民称为“木牛”。这个古怪的名字缘于牛奶树树液的味道酷似无脂牛奶。采集牛奶树的树汁也很容易，树皮被切开后就会流出“奶液”，而且刀口很快就愈合，树不会受到太大的损

伤。每棵树一次可流出汁液 3 ~ 4 升。

其实，牛奶树树汁刚采集下来后会有一种难闻的味道，把液汁用水冲淡，烧开以后，难闻的味道就会消失，成为跟牛奶一样的饮料。

分布环境

牛奶树在我国分布在广西、广东、贵州、云南等地，多生长于平原、丘陵、山谷和溪边。

供人食用

在南美一些国家，如厄瓜多尔、委内瑞拉，当地居民喜欢将牛奶树种在自己房子附近。当他们想喝“奶”时，就用刀子在树上割一个小口，乳白色的树汁就会流出来。这种树树汁产量很高，一棵树所产的奶足够一家人食用。

你知道吗

在希腊有一种被当地人叫作“喂奶树”的奇树，树身每隔几十厘米就长出一个能自然滴出“乳汁”的奶苞来。当地牧羊人常常将小羊抱到树下，让小羊吸食奶苞里的“奶”液。这样，单凭奶苞里的“奶”喂养，小羊也能长大。

闪闪发光的灯草

在哥伦比亚西南森林里，一块被称作“拉戈莫尔坎”的草地上，生长着一种能发光的野草——灯草。灯草主要生于河岸或池沼旁的水湿处，它们的叶瓣外部包含着一种叫绿荧素的荧光素，仿佛在上面涂了一层银粉。这就是为什么每到夜间，灯草的叶瓣便会发出光芒的原因。即使把灯草割下来晒干，在黑暗中它也能闪光很长一段时间才渐渐“熄灭”。晚上在灯草集生的地方，它们会把周围照得如同白昼。正是因为灯草的这个特性，当地很多居民喜欢把它种植到自家屋门口或院门口，当成“路灯”使用。

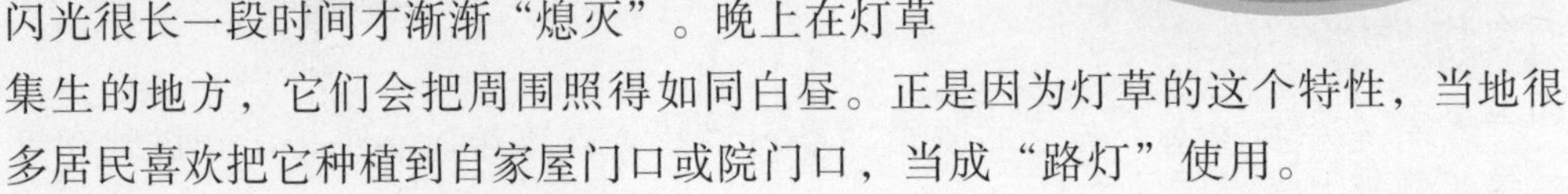

植物名片

中文名：灯草
别称：灯芯草、龙须草、水灯芯
所属科目：灯芯草科
分布区域：西非等地

你知道吗

灯草不仅能当“路灯”使用，由于其根茎含有40%以上的淀粉，磨成粉末后还可以作为粮食食用。灯草还可以作为造纸原料，也可入药。

生长环境

灯草为长日照植物，喜欢阴凉湿润的气候，较耐寒，生长于浅水田中。秧苗从移栽到收割大概需要 260 天。

美丽灯草

“拉戈莫尔坎”在哥伦比亚尼赛人的土语中就是“光明的草”或“放光的草地”的意思。“拉戈莫尔坎”草地的灯草细短而匀称，叶瓣碧绿中略带黄色，柔软如绸，而且长得十分浓密。一到晚上，这块草地就像单独被月亮眷顾了一样，明亮而柔美。

不会老的万年青

万年青开花

万年青，是万年青属下的唯一品种，分布于中国南方和日本，是很受人们欢迎的优良观赏植物。它的汉语名称是“蒀”，意思是“性好温暖的草本植物”。万年青的名字，道出了它四季常青的特性。

虽然万年青是常绿植物，一年四季都有绿叶，但它的叶子并非永不凋落，只不过它的叶子寿命比一般的落叶树的叶子寿命长一些。万年青每年春天都会有新叶长出，同时也有部分老叶脱落，但它的茎上一年四季都保持有绿叶，所以给人以四季常青、永葆青春的感觉。

植物名片

中文名： 万年青
别称： 开喉剑、九节莲、冬不凋、铁扁担、白河车
所属科目： 百合科、万年青属
分布区域： 中国、日本等地

万年青的果实为红色，十分喜人，叶姿高雅秀丽，人们常常把它放置于书斋、厅堂的条案上或长幅书画之下，秋冬配以红果更增添了艳丽的色彩。作为优良的观赏植物，万年青在中国有悠久的栽培历史，一直被作为富有、吉祥、

太平、长寿的象征，深得人们喜爱。

种植须知

万年青为肉根系植物，栽种环境要保持温暖、湿润及半阴。夏季最好放在室内离窗台一定距离或室外有遮阴的地方，因为过多的强光直晒会让叶片晒伤。浇水时也要注意一次不能浇太多，否则容易烂根。

环保价值

万年青除了有观赏性，还有很强的环保性。它可以去除尼古丁、甲醛等有害物质，还具有吸收室内毒气、废气，释放氧气的作用，能令人神清气爽，对免疫力比较弱的老年人和孩子来说非常有好处。

药用价值

万年青能入药的部分主要是根状茎或全草，有清热解毒，强心利尿的功效，为减轻患者痛苦带来福音。

你知道吗

观赏万年青要小心，因为它们有的是汁液有毒，有的是叶片和果实有毒。如果将茎部组织液不小心沾到手上或者皮肤上，会引起过敏反应；如果误食了有毒的果实，会出现恶心呕吐、头晕、流涎等症状，严重的还会有生命危险。

能走路的野燕麦

禾本科的野燕麦生存能力强，喜欢潮湿，一般都长在耕地、沟渠边和路旁。野燕麦是一种靠湿度变化“走路”的植物。野燕麦种子的外壳上长着一种类似脚的芒，芒的中部有膝曲。当地面湿度变大的时候，膝曲伸直；当地面湿度变小时，膝曲恢复原状。在一伸一屈之间野燕麦不断前进，一昼夜可推进1厘米左右，练就了一身“走路”的本领。在北美，野燕麦主要被当作牧草，但印第安人还会吃它们的果实。

植物名片

中文名：野燕麦
别称：乌麦、铃铛麦
所属科目：禾本科、燕麦属
分布区域：地中海地区、中国等地

野燕麦株高30～150厘米，和小麦、节节麦长势差不多，它们在苗期形态相似，因此在除草时鉴别野燕麦就显得十分重要，一方面要把这种影

野燕麦和小麦苗很相似

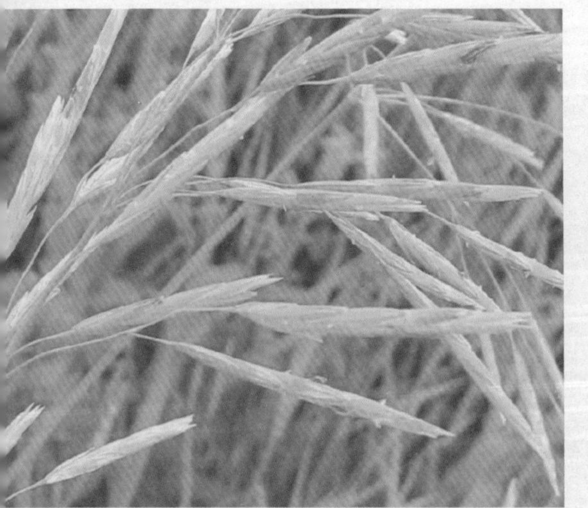

开花的野燕麦羞答答的模样

响农作物生长的杂草除恶务尽，另一方面又要防止将农作物一并除掉而影响产量。所以，为禾谷类作物除掉影响它们生长的野燕麦，是世界各国农民的共同任务。

世界分布

野燕麦适应能力较强，广布于中国南北各省，也分布于欧洲、北美洲、非洲地区，亚洲除我国之外的地区也有。

经济价值

野燕麦味甘性温，也入药，有补虚、敛汗、止血的作用。它含糖量高、适口性好、植株高大、茎细、叶量较多，收割后可制成干草，供牛、羊食用。

你知道吗

果实和根茎鲜红如血的野燕麦，珍贵稀有，被人们称为血钻野燕麦。这种神奇的植物，自古以来就被王室贵族青睐。欧洲考古学家根据出土的一些文物记载发现，可能是野燕麦赋予了早期日耳曼人和东欧部落的人们强健的体格和旺盛的精力，才使他们得以打败罗马帝国。

血钻野燕麦

抢占地盘的黄葛树

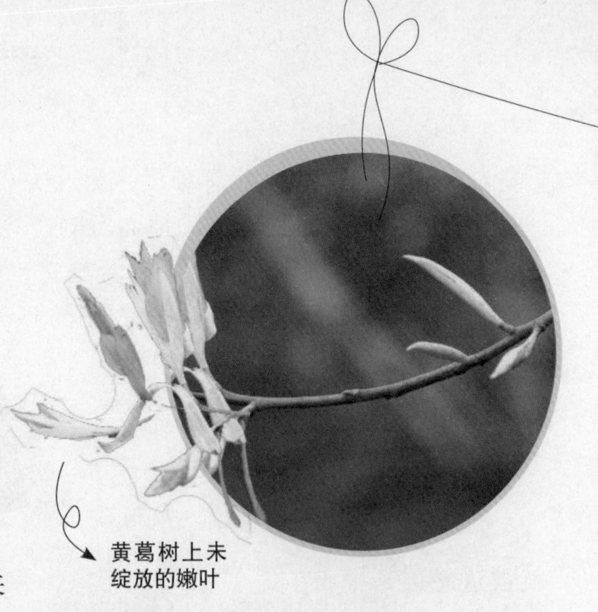
黄葛树上未绽放的嫩叶

在植物界残酷的生存竞争中，植物也会像人类争夺领土一样，发动争夺地盘的战斗。黄葛树就是其中有名的一种。

黄葛树在幼时很不显眼，起初也只是一粒小小的种子，甚至全靠鸟类通过粪便把它撒落在地上。后来种子发育了，变成一株小树，依托着其他乔木生长，也显得很温顺。但长大后就逐渐不容“人”了，它的寄生根很发达，偷偷地顺着“邻居”的树干伸延，一朝得势就猖狂起来。它的根像一条条绞索，把抚养它长大的寄生树包围起来，疯狂地猛长，用不了多久，整棵大树就被它的根缠得死死的。它的树冠超过寄生的大树，树叶把大树遮得严严的，让自己独享阳光雨露，要不了多久，原来扶持它长大的树

植物名片

中文名： 黄葛树
别称： 大叶榕、马尾榕、黄槲树、黄葛榕、保爷树
所属科目： 桑科、榕属
分布区域： 中国、斯里兰卡、印度等地

根系发达的黄葛树

就被这恶魔绞杀死亡。就算这样，黄葛树也不罢休，还要把它的“尸体”变为养料，供自己生长所需，然后独占这块地盘。黄葛树的寿命一般都很长，百年以上的大树比比皆是。

形态奇特

黄葛树属高大落叶乔木。它的茎干粗壮，树形奇特，悬根露爪，蜿蜒交错，古态盎然；它的枝杈密集，大枝横伸，小枝斜出虬曲；它的树叶茂密，叶片油绿光亮。黄葛树奇特的外形深受人们喜爱。

美化环境

黄葛树新叶初放后，鲜红的托叶纷纷落地，非常漂亮，很适宜栽植在公园、湖畔、草坪、河岸等地，学校内亦可种植上几株，既可以美化校园，又可以给师生提供良好的休息和娱乐的场地。它们可孤植或群植造景，也可用作行道树。

你知道吗

在佛经里，黄葛树被称为神圣的菩提树。旧时在我国西南一带有这样的风俗习惯，黄葛树只能在寺庙等公共场合才能种植，所以家庭很少种植。它还是重庆、四川达州、四川遂宁的市树。

有魔力的神秘果

你听说过这样一种果实吗？在吃了它之后，再吃别的食物，不管那是甜的酸的，还是苦的辣的咸的，都会变成甜甜的。喜欢吃甜食的小朋友是不是特别希望自己也有这种神奇的果实呢？

植物名片

中文名：神秘果
别称：变味果
所属科目：山榄科、神秘果属
分布区域：西非、中国等地

这种有着把食物都变成甜味的魔力果实，它就叫神秘果。神秘果来自西非的加纳、刚果一带，是一种典型的热带常绿灌木。神秘果树形美观，枝叶繁茂，在不同时期叶片呈现出不同的颜色，果实由绿色变成红色而成熟。果实长到 2 厘米左右，看上去有点像圣女果。有魔力的神秘果其实并不能改变其他食物的味道，但是可以改变人类的味觉，因为它含有一种变味蛋白酶，能让我们舌头上的味蕾暂时受到干扰，对其他味道敏感的味蕾被麻痹，而对

甜味敏感的味蕾却非常兴奋，这就是神秘果的神秘之处了。

生长环境

神秘果喜欢生活在高温多湿的环境里，生长适宜的温度为20摄氏度～30摄氏度，有一定的耐旱、耐寒能力。最好是选择土壤排水良好、有机质含量较高的低洼地或平缓坡地种植。

营养丰富

神秘果的果肉含有丰富的糖蛋白、维生素C、柠檬酸、琥珀酸、草酸等，其种子含有天然固醇等，因此在食品工业上，人们常用神秘果来做调味剂，既能调味，又有丰富的营养。

神秘果树开的花散发出奶香味

浑身是宝

神秘果浑身是宝。常生吃成熟后的神秘果或浓缩锭剂具有治疗高血糖、高血压、高血脂、痛风、尿酸、头痛等病症的作用。果汁涂抹在蚊虫叮咬处能消炎消肿。种子可缓解心绞痛、喉咙痛、痔疮等。叶子可用来泡茶或做菜，能保护心脏、美颜瘦身、排毒通便，还能解酒。

你知道吗

神秘果可以变食物为甜味，在印度却有一种叫匙羹藤的植物，吃了这种植物的叶子，一切有甜味的东西也不觉得有甜味了，人们恨恨地称它为“糖分破坏者”。

就喜欢待在咸咸的地方

土壤中盐分过多，可造成植物根系吸水困难，所以大多数植物都不能在含盐量较高的盐土里生长。但是，即使在这样的环境中，仍然有一些植物能健壮地生长，它们是怎样适应这种特殊环境的呢？

盐爪爪

盐生植物的抗盐特性各不相同。

盐爪爪，这种有着可爱的名字的植物十分耐盐碱，它能在细胞内积累大量的易溶性盐，使植物细胞的渗透压在40个大气压以上，保证水分的吸收。同时，它的原生质对盐分又有很高的抗性，所以能在含盐分高的土壤中繁茂生长。

植物名片

中文名： 盐爪爪
别称： 无
所属科目： 藜科、盐爪爪属
分布区域： 蒙古、西伯利亚、哈萨克斯坦、高加索等地

盐爪爪虽然抗盐碱，却不能忍受长期生长在被淹没或过度湿润的环境中，所以它们大多生长在膨松盐土和盐渍化的低沙地、丘间低地。如果你看到有地表形成盐结皮，或者盐分较重的土壤，这种环境下你一定会看到细枝盐爪爪和尖叶盐

细枝盐爪爪

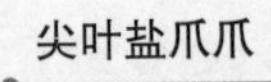
尖叶盐爪爪

爪爪的身影。

生长形态

盐爪爪属于小灌木，身高只有20～50厘米，茎直立或平卧，有很多分枝，老枝呈灰褐色或黄褐色，小枝上部为黄绿色。它的叶片呈圆柱形，肉质多汁，展开成直角，或稍向下弯。千万别以为盐爪爪不开花，它的花每3朵生长在一鳞状苞片内，花期为7～9月。

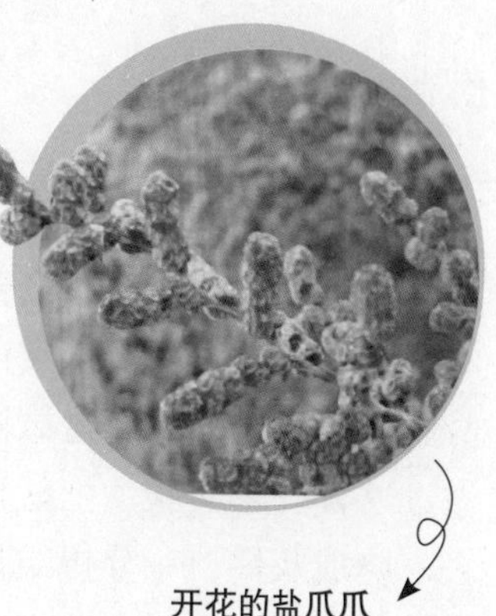

开花的盐爪爪

生长习性

随着季节的变化，盐爪爪一般成丛生长，覆盖率较高。盐爪爪的基部常常积成小沙堆，而一旦积沙超过20～50厘米，盐爪爪将慢慢走向死亡。

产量较高

盐爪爪的产量在沙生植物中是比较高的。秋季是它全年产量最高的季节。一般较大的盐爪爪株丛，生长旺盛，产量也高。

你知道吗

在盐碱地上生长的盐爪爪是很好的饲料。它的种子磨成粉后，人可食用，也可饲喂牲畜。肉质多汁的盐爪爪是骆驼的主要饲草。

盐爪爪产量很高

盐角草

盐角草是地球上迄今为止报道过的最耐盐的陆生高等植物之一。在我国西北和华北的盐土中，常常能看到它们的身影。盐角草为什么这么耐盐呢？有人做过这样一个实验：把盐角草的水分除去，烧成灰烬，一分析结果，干重中竟有 45% 是各种盐分，而普通的植物只有不超过干重 15% 的盐分。盐角草们把吸收来的盐分集中到细胞中的盐泡里，不让它们散出来，所以，这些盐并不会伤害到植物自己，并且它们还能照样若无其事地吸收到水分。

植物名片

中文名： 盐角草
别称： 无
所属科目： 藜科、盐角草属一年生植物
分布区域： 中亚、哈萨克斯坦、高加索、中国新疆

盐碱地上生长的盐角草

盐角草体内不仅盐分含量高，含水量也很惊人，可达体液的 92%，所以它最能在盐地

手绘盐角草

生长在海水中的盐角草

上生长。基于其显著的摄盐能力和集积特征，盐角草可作为生物工程措施的重要手段之一，广泛用于盐碱地的综合改良。

生长形态

盐角草是一年生低矮草本植物，植株呈红色。它是不长叶子的肉质植物，茎是直立的，且表皮薄而光滑，气孔裸露出来。

有毒植物

盐角草为中国植物图谱数据库收录的有毒植物，其毒性为全株有毒，牲畜如啃食过量，易引起下泻。

夜晚的精灵

大自然中的植物，一般都是在白天开花，在阳光照耀下花团锦簇，煞是好看；但是，也有一些“另类”的植物，它们的花朵喜欢在夜晚羞答答地绽放，或是在夜里才散发出浓郁的香味，显示出独特的习性。

月见草

植物名片

中文名：月见草
别称：待霄草、山芝麻、野芝麻
所属科目：柳叶菜科、月见草属
分布区域：北美洲、南美洲、中国等地

月见草辨别夜晚是否来临有一套自己的生理系统。因为不适应高温环境，所以它不喜欢在阳光灿烂的白天开放，而选择在晚上开花。可是开花后，谁来传递花粉呢？蝴蝶和蜜蜂在晚上都休息了呀！别着急，白薯天蛾会去帮助月见草的。白薯天蛾一到晚上，就会落在月见草的花朵上吸食花蜜，花粉黏附在它们身上，被传递出去。其实，月见草辨别夜晚是否到来的系统有时候也会出现失误，如果运气好，你在阴云密布的白天也能看到它们开花。

名字由来

月见草的花只在傍晚才慢慢盛开，天亮即凋谢。花只开一个晚上，传说其开花是专门给月亮欣赏的，月见草之名，也是由此得来的。

你知道吗

月见草浑身都是宝。它的花可以提炼芳香油；种子可以榨油食用和药用；茎皮纤维可以制绳。

生长环境

月见草主要生长在河畔的沙地上，在高山上及沙漠里也能发现它的踪影。

家庭种植

在家里养月见草，可在早春时节在花盆里播种。因它的种子粒小，所以撒播不要太密，覆土不要太厚。月见草养到5月就能开花了，可以一直开到10月末。

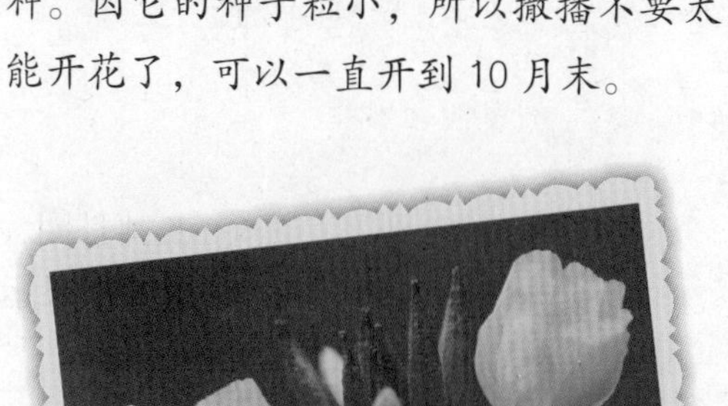

昙花

昙花向世人展现它的芳容，通常在夏秋时节夜深人静之时：紫色的花柄托起很大的一朵花，洁白的花瓣整齐地一层包着一层，沉甸甸的花朵压枝欲断，颤悠悠地抖动着。在颤动中花瓣缓慢地打开，舒展，露出漂亮的面容。当花完全展开后，过1～2个小时又慢慢地枯萎，整个过程仅4个小时左右，故有“昙花一现”之说。

植物名片

中文名： 昙花
别称： 韦陀花、月下美人、夜会草、昙华、鬼仔花
所属科目： 仙人掌科、昙花属
分布区域： 墨西哥、危地马拉、洪都拉斯、中国等地

昙花夜间开花主要是其最初的生长环境所致。昙花属于仙人掌类，原先生长在美洲墨西哥至巴西的热带沙漠中，那里的气候又干又热，但到晚上就凉快多了。

你知道吗

昙花既是美味佳肴又可以入药。它的嫩茎全年可采摘，花则干品鲜品均可食用。昙花主治肺热咳嗽，最适于治疗肺结核。

晚上开花，可以避开强烈的阳光曝晒；缩短开花时间，又可以大大减少水分的蒸发，有利于它的生存。于是天长日久，昙花在夜间短时间开花的特性就逐渐形成，代代相传至今。

花朵外形

昙花的雌蕊长得很特别，被包围在雄蕊中，比花丝略粗，呈白色，尤其是顶端的柱头上，开着一朵类似菊花的白花。昙花的花朵高雅、洁白、娇媚、香气四溢、光彩照人，因此享有"月下美人"之誉。

分布广泛

昙花原产于美洲巴西至墨西哥一带，现全球均有栽培。中国各地普遍栽培，城市住户的庭院或阳台上常有种植。

生长环境

昙花在半日照的环境下生长，喜欢温暖湿润的环境。

夜来香

植物名片

中文名：夜来香
别称：夜香花、夜兰香、夜丁香
所属科目：萝藦科、夜来香属
分布区域：亚洲、欧洲及美洲等地

夜来香通常在晚上羞答答地散发浓郁的香气。我们日常见到的植物，大部分是在白天开花，散发浓香。夜来香却不是这样，通常到了夜间，它才散发出浓郁的香气。这是为什么呢？原来，夜来香的这个特殊习性是经过很长时间才渐渐形成的，是它对环境的一种适应。

夜来香的花瓣与一般白天开花的植物的花瓣构造不同，它的花瓣上的气孔遇到湿度大的空气就张得大。气孔张得越大，蒸发的芳香油就越多，香味也就越浓。夜间虽没有太阳照晒，但空气比白天湿得多，所以夜来香在夜晚放出的香气也就特别浓。夜来香的老家在亚洲热带地区，那里白天气温高，飞虫很少出来活动，但是到了夜间，

气温降低，许多飞虫出来觅食，夜来香凭着强烈的香气，引诱长着翅膀的“快递员”们前来拜访，为其传播花粉。

生长习性

夜来香大多生长在林地或灌木丛中。它喜爱温暖、湿润、阳光充足、通风良好、土壤疏松肥沃的环境。每当冬天到来，夜来香落叶之后就会停止生长；而当春姑娘来临的时候，它就发枝长叶，并在每年的 5 ~ 10 月开花，花期很长，香气袭人。

生命力强

夜来香有强大的生命力。将一根新的夜来香枝条插入肥沃的土壤里，它就会逐渐长成一株新的幼苗，然后将新幼苗移到花盆里进行养护就可以了。

你知道吗

夜来香虽然花香四溢，但是不适合摆放在室内，最好将其放在室外，作为观赏植物。如果长期把它放在室内，会使人们头昏、咳嗽，甚至气喘、失眠。

植物界的冠军

人类在各个领域都会有成绩卓越的人，我们称他们为“冠军”，在植物世界里，也有各个方面的能手。它们有的是生长速度的冠军，有的是花朵型号的冠军，有的是坚硬度的冠军，等等。所以，我们可不能小看了它们哪！

长得最快的是竹

植物名片

中文名：竹
别称：竹子
所属科目：禾本科、竹属
分布区域：热带、亚热带至暖温带地区

竹是常绿乔木状竹类植物，人们喜欢将它们种植于庭园曲径、池畔、溪涧、山坡、天井间，也有用作室内盆栽观赏的。为赞赏竹在寒冬时节仍保持顽强生命力的品质，人们把它与松、梅并称为“岁寒三友”。竹除了有顽强的生命力，还有一项特殊技能。如果要在植物界举办一场生长速度的比赛，获胜的一定是竹。那么，竹究竟能长多快呢？

竹小的时候叫作竹笋。刚刚长出来的竹笋还不到一个成年人的膝盖高，但只要两个月的时间，它就能长到20米了，大约有六七层楼房那么高。在生长高峰的时候，

竹一整天就能长高1米。因此，人们常用“雨后春笋”来形容某种东西生长速度快。竹子的生长比较特别，其他树木是慢慢地长粗长高，经过几十年、几百年，还会慢慢地长粗长高。但竹子是一节节拉长的，在竹笋时它有多少节和多粗，长成后的竹子就有多少节和多粗。一旦竹子长成，就不再长高了。长得最高的是毛竹，它能长到超过20米，相当于竹子界的“姚明”了。

生长条件

竹是多年生常绿树种。它的根系较集中，竹竿生长快。因此，它需要有温暖湿润的气候条件和既有充裕的水分，又不耐积水淹浸的土壤条件。

营养丰富

竹笋中含有丰富的蛋白质、氨基酸、脂肪、糖类、钙、铁、胡萝卜素等。用竹笋来烹饪的菜品，味道十分鲜美，在中国自古就被当作“菜中珍品”，也是肥胖者减肥的佳品。

纤维强度

飓风能轻易将大树齐腰吹断，对竹子却无可奈何。这是因为竹纤维强度高，是钢材的3～4倍；竹子的截面是环形的，具有较强的抗弯刚度；竹节处的外部环箍与内部横隔板能提高竹筒的横向承载能力。

你知道吗

据说，毛竹在生长期的前5年丝毫不长，到了第6年的雨季，它才开始以每天约1.8米的速度向上生长大概15天，直到完全长成。更神奇的是，在它疯长的这10多天里，它周围的其他植物像被催眠了一样停止生长，直到毛竹的生长期结束，这些植物才“醒过来”继续生长。

最大的大王花

植物名片

中文名：大王花
别称：大花草、腐尸花、莱佛士亚花、霸王花
所属科目：大花草科、大花草属
分布区域：马来西亚，印度尼西亚的爪哇、苏门答腊等热带雨林中

在印度尼西亚苏门答腊岛的热带雨林地区，生长着一种十分奇特的植物，它没有根、茎、叶，也没有绿色光合组织，是种彻彻底底地寄生在其他植物身上的“寄生虫”，它叫大王花。这就是世界上最大的花。它到底有多大呢？大王花盛开以后，花朵的最大直径大约是1.4米，最重可达10千克。一朵成熟的花有5片花瓣，每片花瓣又大又厚，大概有30厘米长，5厘米厚，仅花瓣就有6～7千克重，真是绚丽又壮观。

大王花的花虽然很大，种子却很小，用肉眼几乎难以辨别。当它的种子落在其他植物的茎部或根部时，就会在那儿生根、发芽，体积逐渐膨大。经过9个月的时间，开出颜色鲜艳的巨大花朵，花瓣上长着黄色的斑点，它在盛开

还未开放的大王花

的时候你甚至能听见开花的声音。可是，大王花一生只开一次花，花期只有 3 ~ 7 天。在大王花的花瓣带着恶臭逐渐凋零后，便慢慢变成一摊黏稠的黑色物质。那些经过成功受粉的雌花会在之后的 7 个月内逐渐形成一个半腐烂状的果实。惊艳的花朵结出了腐烂的果实，不得不说，这真是植物界的一个奇观。

外号由来

大王花刚开花的时候，花朵是有一点点香味的，但过一段时间后，为了吸引苍蝇等昆虫为其传粉便会释放出恶臭，这种气味常常被形容成鲜牛粪或是腐肉的气味，所以它被当地人称之为“尸花”或是“腐肉花”。

濒临灭绝

由于受到人类采伐木材、开拓种植园等活动的影响，大王花所在的大片雨林正在急剧减少。没有适合的环境导致大王花逐年递减，加上当地人传说大王花有药用价值，人们便滥加采伐，更使大王花面临着灭绝的危险。

最硬的铁桦树

一说到什么最硬，你一定会说是钢铁吧。但你也许不会想到，有一种树比钢铁还硬呢，这种树叫铁桦树。即使是用现代步枪在短射程内向它射击，也奈何不了它。

这种神奇的树，高约 20 米，树干直径约 70 厘米；树皮呈暗红色或接近黑色，上面密布着白色的斑点；树叶是椭圆形的。为什么铁桦树这么硬呢？据说，它有一个独特的器官，能把吸收来的养分、水分、二氧化碳，凝结成能自己生长的木材，它把这种木材都镶嵌在自己的体内，就像压缩器一样。这样，经过一年年积累，身体就越来越硬了。铁桦树的寿命有 300 ~ 350 年。铁桦树木质坚硬，比橡树硬 3 倍，比普通的钢硬 1 倍，是世界上最硬的木材，有时人们把它作为金属的代用品。

植物名片

中文名：铁桦树
别称：赛黑桦、印度钢木
所属科目：桦木科、桦木属
分布区域：朝鲜南部、朝鲜与中国交界处、俄罗斯南部

铁桦树的兄弟白桦树

铁桦树树干

生长环境

铁桦树是靠风力传播种子来繁衍生息的。它喜欢阳光，耐寒，耐干旱、瘠薄的土壤。

比钢铁还硬的木材

奇妙特性

铁桦树还有一个奇妙的特性。由于它质地极为细密，所以一放到水里就会往下沉，但即使把它长期浸泡在水里，它的内部仍能保持干燥。

铁桦树树林

带上植物去过节

DAI SHANG ZHIWU QU GUOJIE

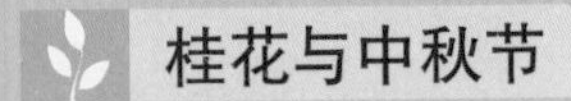

桂花与中秋节

农历八月十五中秋节，又称月夕、秋节、八月节、追月节等，始于唐朝初年，是流行于中国众多民族与东亚诸国中的传统文化节日。中秋月圆时，正值桂花竞相开放之时，桂花散发的浓郁香气让人陶醉，人们为之流连忘返。

“一庭人静月当空，桂不多花细细风。”“半醉凌风过月旁，水晶宫殿桂花香。”从古至今，诗词歌赋中的桂花一直与月亮相依相伴，因此，桂花与中秋圆月的关系非常密切。在中秋之夜，人们仰望着月中丹桂，闻着阵阵桂香，吃着香甜的桂花月饼，喝一杯桂花酒，品一品桂花茶，讲一段“嫦娥奔月”的传奇故事，已成为一种美的享受。

桑果

桑树与元宵节

农历正月十五元宵节，又称为“上元节”，是中国汉族的传统节日。这是一年中第一个月圆之夜，中国各地欢度元宵节的方式也各不相同，吃元宵、赏花灯、猜灯谜等几项重要的民间习俗，被人们世代延续下来。

中国古代的元宵节，自魏晋时开始，就有祭祀

蚕神的习俗。因为古时丝绸昂贵，蚕丝收成的好坏直接关系着人们的经济状况。所以，正月十五这天，人们祭祀已经长出新芽的桑树，祈求新的一年有个好收成。

茱萸与重阳节

农历九月初九重阳节，又称“踏秋”，与除夕、清明节、中元节成为中国传统祭祖的四大节日。重阳节早在战国时期就已经形成，到了唐代，重阳节被正式定为民间节日，此后历朝历代沿袭至今。重阳节这天，所有亲人都要一起登高、插茱萸。茱萸具有浓烈的香味，能驱蚊杀虫。古人认为在重阳节这一天插茱萸可以避难消灾，或佩戴于臂，或插戴于发，或做香袋把茱萸放在衣服里面佩带，以避疫消灾。晋朝以后，人们就改为将茱萸插在头上了。

佩茱萸成为重阳节俗的主要标志，因此登高会也称为“茱萸会”，重阳节被称为“茱萸节”。从节俗的原始意义看，茱萸与登高的结合应该是最早的。但是在宋元之后，佩茱萸的习俗逐渐衰退。

编织艺术的精彩

BIANZHI YISHU DE JINGCAI

竹编

竹编，是用山上毛竹剖劈成篾片或篾丝，编织成各种用具和工艺品的一种手工艺。工艺竹编不仅具有很高的实用价值，更具深厚的历史底蕴。竹编行业在历史上以作坊形式，多以世代相传或师徒关系相授，学徒学成后，自立门户。

竹编蝉笼

我国南方地区竹种丰富多彩，有淡竹、水竹、慈竹、刚竹、毛竹等200多种。劳动人民用竹材制作家具，编制用品，创造了具有不同艺术特色的多种编织工艺。竹编工艺大体可分起底、编织、锁口三道工序。在编织过程中，以经纬编织法为主，并穿插疏编、插、穿、削、锁、钉、扎、套等技法，从而使编出的图案花色变化多样。

草编

草编，是民间广泛流行的一种手工艺。工艺草编利用各种柔韧的草本植物为原料进行加工编制，通常是就地取材，采割草茎光滑，节少，质细而柔韧，有较强拉力和耐折性的草料，再仔细挑选，梳理整齐，进行加工，方可编制成各种生产和生活制品，如提篮、

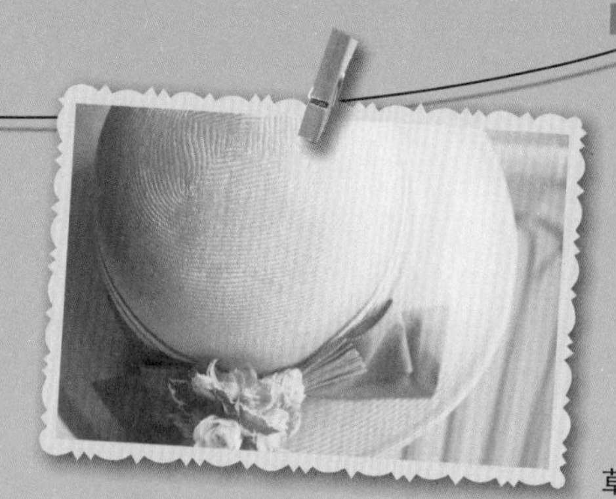

草编用的香蒲

草帽

果盒、杯套、盆垫、帽子、拖鞋和枕、席等。有的利用事先染有各种色彩的草，编织出各种图案，有的则编好后加印装饰纹样。草编的原料生长地域广泛，易得易作，而且草编制品既经济实用，又美观大方，所以草编工艺在中国民间十分普及。

柳编

柳编是中国民间传统手工艺之一。在新石器时代就出现用柳条编织的篮、筐等；春秋战国时期，出现了用柳条编成的杯、盘等，在外面涂上漆，称为杯桊；唐代，最著名的是沧州柳箱；宋代，人们取杞柳的细条，制作出箱箧。1960 年以来，中国的柳编工艺品开始走出国门，获得了人们的欢迎。

柳条柔软易弯、粗细匀称、色泽高雅，通过新颖的设计，可以编织成各种朴实自然、造型美观、轻便耐用的实用工艺品。柳编制品以篮筐、椅架居多，也有一些类似花瓶的精巧产品。

柳条

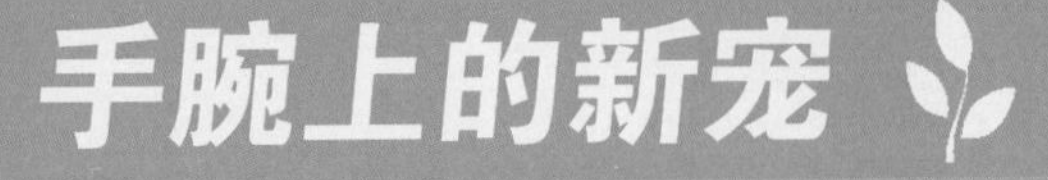

手腕上的新宠

SHOUWAN SHANGDE XINCHONG

星月菩提子手串

星月菩提是热带植物黄藤的种子。种子的原始颜色为灰白色，形状不规则，像一个个小元宝；市面上见到的各种形状规则的菩提子都是经过后期加工的。穿成手串后，根据对手串盘磨、保养程度的不同，和佩戴手串时间长短的不同，菩提子的颜色和光亮度也会有差异。保养得好的星月菩提子，色泽和光滑度会越来越高，颜色也会渐渐变深，整体也会越发漂亮，甚至能达到“玉化”的程度。

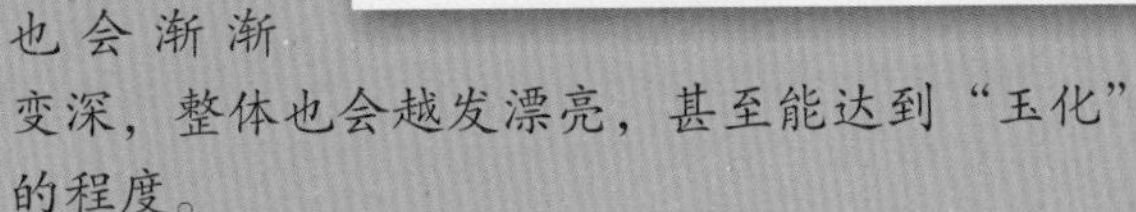

星月菩提有很多种，根据“星”的密度和油度区分，还有元宝菩提子、金蟾菩提子、浅色金蝉菩提子和冰花星月等品种，近年来都深受文玩爱好者的追捧。

小叶紫檀手串

小叶紫檀，红木之首，多产于热带、亚热带原始森林中，以印度产的为上品。小叶紫檀木坚实厚重，木质细腻，密度较大，棕眼较小，纹理十分漂亮。小叶紫檀生长速度很慢，一棵成年的树通常要生长几百年，其最大直径仅为20厘米左右，又有“十檀九空”的说法，其珍贵程度可想而知。现在在市场上看到的小叶紫檀制品，多数是由人

工培育的紫檀树制作而成的。

小叶紫檀常被做成手串佩戴在手腕上，但它不能触碰雨水，不能被干燥的风吹，也不能被撞击等。由于小叶紫檀手串工艺讲究、材质突出、气味芬芳，近年来备受市场欢迎。

沉香手串

沉香，被誉为“植物中的钻石”。它受到动物的啃咬或外力的创伤，以及人为砍伤、蛇虫蚂蚁等侵蚀，让它产生伤口，伤口再被微生物等感染，再加上外部湿热的环境，使伤口被真菌侵入，产生一系列变化，慢慢地，在自然条件下经过长时间的沉淀形成沉香。沉香主要产于越南、印度、马来西亚和中国的海南岛。

由于沉香气韵高雅，散发着一种沁人心脾的香味，产量又极少，因此用沉香制成的手串属于手串中的“贵族”，价格比较昂贵。近几年，沉香手串变为目前比较受大众欢迎的一种首饰，备受各界人士的喜爱，常闻沉香的味道，不但有助健康还能延年益寿。

吉祥花卉图

JIXIANG HUAHUI TU

松鹤延年

“松鹤延年”是中国人常用的表示吉祥的话。松树是多年生常绿乔木，耐严寒，不凋零，于是民间把松树作为经得起风寒磨难和长寿的象征。鹤一般指丹顶鹤，属于鸟类。丹顶鹤被视为出世之物，是高洁、清雅的象征。因此，松树、仙鹤合在一起即是祝福某人如松树般长寿、仙鹤般高洁。现在，松鹤图被广泛用在各类物品上作为纹饰。

连年有余

中国古代的吉祥图案中，“连”是“莲”的谐音，“年”是“鲶”的谐音，“余”是“鱼”的谐音，“连年有余”是人们期盼生活富裕的祝贺之词。人们用“连年有余”来表达美好的愿望，它也是许多民间艺术常用来表现的主题，如民间年画、剪纸、

玉器雕刻等都有这类题材，在清代的各种装饰上也常常能见到这个主题。

喜上眉梢

喜上眉梢，是中国传统的吉祥花卉图。古人常常有看见喜鹊是“抬头见喜”的征兆。《开元天宝遗事》：“时人之家，闻鹊声皆以为喜兆，故谓灵鹊报喜。”《禽经》：“灵鹊兆喜”。可见早在唐宋时期即有此风俗，当时的铜镜、织锦、书画上面已有很多关于喜鹊的题材。而“眉”字谐音为我国人民所喜爱的梅花，所以把喜鹊画在梅花枝上，便有了“喜上眉（梅）梢”的吉祥图案。现在常见于剪纸和木雕等民间工艺上面。

凤穿牡丹

中国古代传说，凤为鸟中之王；牡丹为花中之王，寓意富贵。丹、凤结合，象征着美好、光明和幸福。民间常把以凤凰、牡丹为主题的纹样，称为“凤穿牡丹”“凤喜牡丹”及“牡丹引凤”等，增添了凤凰的优美，牡丹的美好，象征着祥瑞、美好和富贵，是人们喜闻乐见的吉祥图案。

家具木料中的贵族

JIAJU MULIAO ZHONGDE GUIZU

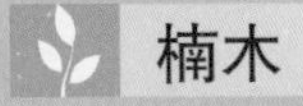

楠木

楠树，其树干是一种极高档的木材，其色为浅橙黄略灰，纹理淡雅，质地温润，无收缩性，遇雨有阵阵幽香。南方各省均有生长，唯有四川产的为最好。常用于建筑及家具的主要是雅楠和紫楠。雅楠为常绿大乔木，产于四川雅安、灌县一带；紫楠别名金丝楠，产于浙江、安徽、江西及江苏南部。楠木伸缩变形小，易加工，耐腐蚀，是软性木材中最好的一种。

明代宫廷曾大量伐用楠木。北京故宫及京城上乘古建筑中也有不少为楠木构筑。楠木不腐不蛀有幽香，用作修建皇家藏书楼，金漆宝座或室内装修等，如文渊阁、乐寿堂、太和殿、长陵等重要建筑都有用到楠木，并常与紫檀配合使用，增添了帝王的尊贵华丽。

橡木

橡树，是一种优良的树种，其木材广泛用于装潢用材和制作家具。其树心呈黄褐色至红褐色，生长年轮明显，略成波纹状，又重又硬。它们广泛分布在北半球广大区域，约有300个品种。橡木纹理美观，色泽淡雅，耐磨损，是制作家具的理想木材。

橡木档次较高，适合制作成欧式家具和中式古典家具，端庄沉稳，具有厚重感；由于橡木有极好的韧性，还可以加工成各种富有美感的工艺品；橡木质地细密，管孔内有较多的侵填物，不易吸水，耐腐蚀，因此欧美国家常用它做成储藏红酒的桶。

榆木

榆树，主要产于温带，是落叶乔木，它的高大身影在北方各地随处可见，与南方产的榉木有“北榆南榉”之称。榆木木性坚韧，纹理通达清晰，硬度与强度适中，可用作透雕、浮雕材料。它的刨面光滑，弦面花纹美丽，是制作家具的名贵材质。在北方，明清时代的榆木古家具现存量都不少，可见其材质的稳定性是比较好的。

榆木家具大多保留了明清家具的造型，不虚饰、不夸耀、不越礼，方方正正、方中带圆、自然得体，洗练中显出精致。从结构上讲，榆木家具可以不用一根铁钉，完全靠精密的榫卯相连，能有效地抵御南方的潮湿和北方的干燥。现在，人们依然钟情于用榆木制作家具，让它们伫立于堂前屋后。

找找野地里的蔬菜

ZHAOZHAO YEDI LIDE SHUCAI

败酱草

败酱草，民间俗称苦菜，是一种药用与食用兼具的无毒野生植物。败酱草是一年生草本植物，主要生长在山坡草地上。败酱草有黄花、白花两种。黄花味道比较苦，但这两种都可入药，功效相似。春夏抽枝长叶，秋日开花，有浓烈的腐败豆酱气味，因此古人称其为“败酱草”。

药材

李时珍说：“南人采嫩者，曝蒸作菜食”。民间有谚语：“苦菜花香，常吃身体硬邦邦；苦菜叶苦，常吃好比人参补。”的确，败酱草有清凉解毒、消炎利尿、排脓、去淤、消肿等功效。由于败酱草有苦涩的味道，且有轻微毒性，所以我们在烹饪的时候，最好摘嫩的茎叶在开水或盐水中煮5～10分钟，然后在清水中浸泡，直到沥去苦水，就可以炒食了。

马齿苋

马齿苋，又名马齿菜、马齿草、五方草，属于一年生草本植物。马齿苋一般为红褐色，叶片肥厚，如倒卵形。它的生命力极强，生长在菜园、农田、路旁，为田间常见杂草。马齿苋受到人们欢迎的原因是它含有蛋白质、硫氨酸、核黄素、抗坏血酸等营养物质，有清热解毒、凉血止血、降低血糖浓度、保持血糖恒定的作用。